AF329812

L'ORIGINE
DES ANIMAUX

HISTOIRE DU DÉVELOPPEMENT PRIMITIF

Nouvelle théorie de l'Évolution réfutant par l'anatomie celle de M. DARWIN

PAR C.-M. RENOOZ

ORNÉ DE 300 FIGURES DANS LE TEXTE

Tome I. — 1re Partie.

PARIS
LIBRAIRIE J.-B. BAILLIÈRE ET FILS
Rue Hautefeuille, 19
—
1883

L'ORIGINE DES ANIMAUX

HISTOIRE DU DÉVELOPPEMENT PRIMITIF

L'ORIGINE

DES ANIMAUX

HISTOIRE DU DÉVELOPPEMENT PRIMITIF

Nouvelle théorie de l'Évolution réfutant par l'anatomie celle de M. DARWIN

PAR C.-M. RENOOZ

ORNÉ DE 300 FIGURES DANS LE TEXTE

Tome Ier

PARIS
LIBRAIRIE J.-B. BAILLIÈRE ET FILS
Rue Hautefeuille, 19.

1888

PRÉFACE

Les forces physiques qui agissent à la surface terrestre, la lumière, l'électricité, la température, la composition chimique de l'atmosphère et la pression barométrique donnent à la végétation tous ses caractères.

Si le monde végétal qui recouvre la surface terrestre a, aujourd'hui, une structure déterminée — qui, pour nous, est normale — c'est parce que les forces qui agissent aujourd'hui sur notre globe engendrent cette structure. Mais à la surface d'une autre planète, les forces différentes doivent engendrer des formes différentes. Et même à la surface terrestre, pendant les époques passées, la structure végétale ne pouvait pas être ce qu'elle est aujourd'hui, puisque les forces directrices qui agissaient alors sur la matière n'étaient pas ce qu'elles sont dans notre période actuelle.

Cependant, aux différents âges d'un même monde on ne trouve pas de différences morphologiques fondamentales — la direction des forces étant toujours la même — mais seulement des différences d'intensité.

En étudiant la physiologie végétale des époques passées, nous devons donc y trouver des modifications profondes de l'organisme qui, de l'état transitoire auquel nos plantes actuelles s'arrêtent aujourd'hui, les faisaient passer à un état plus avancé.

Le terme auquel nous aboutissons, en suivant cette évolution — qui ne s'accomplit plus sous nos yeux — est l'aurore de la vie animale.

Depuis longtemps déjà la science est mise en demeure de démontrer par l'anatomie l'origine végétale des animaux. Ce livre ne sera donc pas une surprise, on peut même dire qu'il sera une actualité, car la question si importante de notre origine est, en ce moment, mise à l'ordre du jour dans toutes les sociétés savantes.

Les théories sur ce sujet qui, dans ces derniers temps, ont envahi l'esprit public, ont rendu plus évidente encore la nécessité de donner définitivement une histoire scientifique de la création naturelle de l'homme et des animaux.

Cette nécessité est d'autant plus impérieuse que les deux écoles qui aujourd'hui se disputent l'esprit humain, le téléologisme et le transformisme ne sont arrivées ni l'une ni l'autre à satisfaire l'esprit scientifique. L'une et l'autre sont restées à l'état d'hypothèses ; ni l'une ni l'autre n'ont pu être soumises à la vérification expérimentale indispensable aujourd'hui à toute théorie qui surgit.

Je ne dirai rien du téléologisme, on a dit à ce sujet tout ce qu'il y avait à dire. Quant au transformisme, c'est une erreur naissante qu'il faut se hâter de combattre avant qu'elle n'ait acquis la force de l'habitude ou même celle de la tradition.

Cependant, quoique le Darwinisme, après avoir été vivement discuté et contesté n'ait finalement pas été accepté par les anatomistes, il se trouve un nombre — trop grand — de personnes chez lesquelles l'esprit d'examen est peu développé, et qui se sont contentées de cette solution. Pour celles-là, puisqu'elles sont satisfaites, puisqu'elles se croient arrivées à la sécurité que donne la certitude, laissons-les se reposer dans leurs convictions, mais cherchons avec les autres une solution plus juste, plus positive et surtout plus facile à démontrer expérimentalement de ce grand problème.

Or, il n'y a dans cette recherche que deux voies à suivre : partir de la série végétale ou partir de la série animale. L'histoire du développement dans la série animale a été faite : c'est l'œuvre de Darwin. Il faut admettre sa théorie si l'on prend pour point de départ de l'évolution la série animale. Cette méthode étant inconciliable avec les exigences rigoureuses de la science, ce qui est démontré par les efforts stériles de ceux qui se sont attelés à cette cause, il ne reste donc à faire que l'histoire du développement dans la série végétale. Car la vie ne se manifeste, et ne s'est jamais manifestée à la surface du globe que dans ces deux séries. Il faut donc forcément en prendre une pour point de départ.

Donc, ceux qui ne se sont pas ralliés au transformisme, ceux qui n'admettent pas l'origine animale, avec Darwin, sont forcément amenés à admettre l'origine végétale avec moi ; la logique et le raisonnement ne permettentpas qu'il en soit autrement.

Et cependant, malgré cette alternative, chaque fois que l'on prononce la phrase qui devrait faire le titre de ce livre : « L'origine végétale des animaux », on est accueilli par un sourire d'incrédulité, même par ceux qui ne sont pas darwinistes. Singulière contradiction inconsciente qui ferait supposer que ceux-là ont découvert quelque part une troisième série organique.

L'origine végétale des animaux nous ramène à la fixité des espèces, mais nous conduit à l'évolution dans chaque espèce. Elle nous les montre toutes, suivant chacune son évolution, tranquillement, sans conflit avec ses voisines, et perpétuant à travers les âges les caractères spéciaux à chacune d'elles.

Cette évolution est la loi générale de l'existence, du reste, nous la suivons de près entre la naissance et la mort dans chaque individu, si dans l'histoire des mondes ses étapes sont plus éloignées nous pouvons cependant encore les suivre de loin, et parcourir les différents âges que la plante traverse et pendant lesquels sa forme se modifie.

C'est ainsi que telle plante qui, dans notre végétation actuelle, ne dépasse pas l'état herbacé, a pu être — et même a dû être — aux époques où les forces physiques qui agissaient sur la terre étaient plus puissantes, un arbre. De même les plantes qui, actuellement atteignent l'état ligneux de nos arbres les mieux organisés, suivant également cette évolution, dépassaient cet état — qui, aujourd'hui est le terme définitif de la vie végétale, le point d'arrêt de son activité — et, en dépassant ce terme, ils atteignaient des formes que nous ne pouvons plus étudier dans la nature, mais que la continuation du développement commencé nous révèle.

Pour faire cette étude nous n'avons donc pas besoin de recourir à des hypothèses, nous n'avons qu'à suivre les modifications que la physiologie végétale *actuelle* nous montre s'accomplissant déjà — ou plutôt s'accomplissant encore — dans notre végétation dégénérée.

Je commence donc l'étude de la plante au point où les botanistes l'abandonnent — mon point de départ est le terme auquel ils s'arrêtent.

Je n'étudie pas l'organisation actuelle des végétaux ; si je la rappelle quelquefois c'est pour montrer l'enchaînement de l'évolution anatomique et physiologique qui s'accomplit, sans lacune, de la plante à l'homme. Dans cette étude nous rencontrons la formation histologique de tous nos tissus, l'origine de tous nos organes. En rapprochant ce développement primitif du développement embryonnaire de l'animal nous arrivons à prouver par des faits certains l'évidence de cette théorie.

Du reste, nous sommes en mesure de donner d'autres preuves plus concluantes encore, nous pouvons montrer des échantillons d'individus végétaux, arrêtés à différents degrés de leur développement, et sur lesquels il est facile d'observer la formation rudimentaire de nos organes.

Le point d'arrêt de l'activité vitale dans les plantes marque le moment où les relations entre la plante et le milieu qui l'entoure perdent leur harmonie. Ce point d'arrêt a dû suivre une évolution ascendante, puis une évolution descendante. Entre ces deux évolutions il s'est produit un terme culminant signalé sur la terre par l'apparition des animaux.

La vie végétale traverse une série de phases lentes que le recommencement de la vie dans chaque animal reproduit fidèlement. Les premières étapes du développement animal nous ramènent donc à l'état actuel de notre végétation.

Si l'on ne s'est pas aperçu plus tôt de cette grande vérité c'est que l'on n'a pas regardé — ou plutôt que l'on a mal regardé — la nature qui nous entoure. On a négligé, tout au commencement de cette étude, de tenir compte de la *direction* du développement, c'est-à-dire du renversement du fœtus dans l'utérus maternel, lequel, en vertu d'une force que les botanistes ont appelée *géotropisme*, cherche, comme les plantes, la direction de la pesanteur et place sa tête au bas d'un axe vertical qui suit cette direction. (1)

On a voulu comparer l'animal actuel, dans sa situation actuelle, au végétal contemporain, alors qu'il fallait lui comparer le fœtus dans sa station primitive, et dans les premiers temps de son développement, puisque les formes ultérieures que prend l'animal ne sont plus traversées par les végétaux arrêtés dans leur activité vitale au milieu de leur évolution.

Si les botanistes connaissent bien la vie végétale telle qu'elle se manifeste actuellement, ils ignorent absolument la vie végétale telle qu'elle se manifestait aux autres époques. Ceux d'entre eux qui se sont occupés de botanique fossile n'ont fait que reporter dans le passé l'état présent de la terre.

En général on a étudié la plante dans son origine et le commencement de son développement, on n'a jamais été jusqu'à sa fin. C'est cette étude, absolument nouvelle, que je fais aujourd'hui.

M. Van Tieghem arrête l'évolution végétale à ce qu'il appelle l'arbre adulte, ce qui équivaut à arrêter

---

(1) Chose incroyable, malgré la direction bien connue de la formation de l'embryon, aujourd'hui encore, dans les livres d'embryologie et dans les cours publics, lorsqu'on explique le développement embryonnaire, on place sous les yeux des lecteurs ou des élèves les figures destinées à la démonstration dans une position renversée qui met la tête du fœtus en haut et ses membres dirigés vers le bas, alors que l'on sait, cependant, très-bien qu'il se forme dans une situation renversée.

l'évolution de l'embyron animal au fœtus de six semaines : car l'arbre adulte et le fœtus humain de six semaines sont dans le même état d'organisation.

C'est pour n'avoir pas pu franchir cet état transitoire qu'on n'a pas découvert la véritable nature de la vie végétale et que l'étude de la botanique est restée jusqu'à ce jour réduite, pour ainsi dire, à *l'étude des embryons*.

Nous allons pousser plus loin cette étude, nous allons traverser non-seulement toute la période embryonnaire que notre végétation actuelle déroule sous nos yeux, mais nous allons la suivre à travers tous les âges pendant lesquels la vie n'a pas cessé un seul instant de modifier les corps qu'elle a traversés, et prouver, par cette étude, que la biologie n'est pas une science divisée en deux branches, mais au contraire une science indivise.

Quoique la meilleure preuve à donner de la fausseté de la théorie transformiste soit de lui opposer une autre théorie vraie, construite sur des caractères anatomiques mieux étudiés, et surtout, susceptibles d'être prouvée expérimentalement, il est bon, cependant, de montrer que la campagne acharnée des partisans de Darwin repose sur l'entêtement bien plus que sur la conviction.

On s'est fait de cette théorie une arme pour combattre la Bible, sans s'apercevoir que ce n'est pas marcher en avant que de prendre une fausse route.

Les transformistes, du reste, sentent eux-mêmes toute la faiblesse de leurs arguments puisque le plus passionné de tous, M. Haeckel, qui a poussé à l'exagération les erreurs de Darwin, dit : « Nous sommes obligés d'admettre et de défendre cette théorie (le Darwinisme) *tant qu'il ne s'en présentera pas une autre*.

capable d'expliquer aussi simplement une telle quantité de faits. Qant à présent cette théorie rivale fait absolument défaut. » Et plus loin il ajoute : « On est rigoureusement obligé, en vertu des principes fondamentaux en vigueur dans le domaine des sciences naturelles, d'accepter et de conserver, *tant qu'il ne s'en présente pas une meilleure*, toute théorie, *fût-elle même faiblement fondée*, qui se peut concilier avec les causes efficientes. » (1)

M. Haeckel qui défend avec tant d'acharnement une si mauvaise cause, avoue donc qu'il n'admet le Darwinisme, pour lequel il combat, qu'*à titre provisoire*.

Or une conviction provisoire est une conviction illusoire.

La vérité est une. Ce n'est pas un organisme perfectible. Elle est ou elle n'est pas. Quand on est certain de l'avoir trouvée on ne peut pas admettre, on ne peut pas supposer même qu'il soit possible de trouver postérieurement une autre vérité — *plus vraie*.

Deux et deux font quatre aujourd'hui. Ils feront toujours quatre dans l'avenir, quels que soient les progrès réalisés, plus tard, dans les sciences mathématiques.

Le transformisme part du principe inventé par Oken et publié en 1819 dans un article qui parût dans l'*Isis*, intitulé : *L'origine de l'homme*. Il repose sur cette idée que la terre ayant été entièrement recouverte par les eaux à une époque très-reculée, c'est dans l'eau que la vie se manifesta d'abord ; donc que les premières formes animales furent des formes aqua-

---

(1) Haeckel. *La création naturelle*, p. 26 et 27.

tiques ; que lorsque les eaux se retirèrent ensuite un grand nombre d'êtres créés furent déposés sur les rivages où ils se transformèrent d'abord en amphibies et, finalement, en oiseaux et en mammifères.

Il faut bien avouer que cette théorie est absurde et ne repose sur aucune loi naturelle connue. Si la transformation des animaux aquatiques en animaux aériens s'était effectuée à un moment donné, on la verrait encore commencer à se réaliser chaque fois qu'un poisson est apporté sur le rivage. Si l'œuf qui contenait le germe primitif de l'homme (œuf qui, d'après Oken, n'éclot que lorsque le fœtus a atteint l'âge de deux ans afin qu'il ait déjà des dents en naissant pour pouvoir s'alimenter sans le secours d'une nourrice, — (Voyez le chapitre X), si cet œuf prodigieux s'était formé spontanément dans la mer, il s'y formerait encore, car les lois naturelles sont constantes, elles n'admettent pas d'exceptions, elles n'octroient pas de faveurs, ce qui a eu lieu un jour peut (et doit) avoir lieu chaque fois que les mêmes éléments se trouvent mûs par les mêmes forces.

Or, nous savons tous qu'un poisson mis hors de l'eau meurt au bout d'un temps très-court. Chaque être vivant s'est organisé dans un milieu où il a acquis certains organes, certaines facultés en rapport avec ce milieu, et qui ne peuvent fonctionner ailleurs. La science — et la logique à défaut de la science — enseigne, au contraire, qu'à mesure que les eaux se sont retirées les animaux aquatiques se sont confinés dans les profondeurs occupées par les mers, tandis que les mollusques et les poissons restés sur les plages y ont péri puisque nous les retrouvons tous les jours à l'état de fossiles, dans leur forme primitive et n'indiquant aucun commencement de transformation.

La science et la logique nous enseignent que c'est après ce retrait des eaux que la végétation apparût, et que cette végétation primitive, — d'adord seule manifestation de la vie sur les parties de la surface terrestre non recouvertes par les eaux — est le premier état, la première forme des animaux qui, issus d'elle, apparurent ensuite.

Il y a donc eu, et il y a encore, modification des espèces végétales. Par conséquent, c'est en partant de l'étude de l'anatomie comparée des végétaux et des animaux, c'est en présentant des exemples fossiles ou vivants et en s'appuyant sur les faits positifs que l'anatomie, l'histologie et l'embryologie nous fournissent, que nous devons prouver la réalité de la doctrine qu'il faut, le plus tôt possible, substituer au transformisme : la doctrine de l'*Origine végétale des animaux*.

Cette théorie repose sur un principe que l'on pourrait appeler inné, car il est au fond de tous les esprits. Nous avons tous comme un vague souvenir de notre vie végétative, nous n'en avons aucun d'une vie aquatique. Nous aimons la verdure, les fleurs, les arbres, nous sentons que les bois ont été notre première demeure, notre berceau ; nous les aimons et nous éprouvons en y retournant ce sentiment de bien-être, de plaisir que l'on ressent en revoyant l'endroit où l'on a passé ses années d'enfance ; la mer ne nous dit rien de tout cela, le fond de l'Océan nous effraye, au contraire, et l'idée de retourner dans ce milieu éveille en nous une idée de mort bien plus qu'une idée de vie.

M. de Quatrefages, une grande autorité qui honore la France, disait un jour dans une conférence sur l'*homme*, faite à Vincennes : « Dans cette étude des questions générales relatives à l'histoire de notre espèce, nous avons dû nous demander quelle était l'origine de l'homme. Sur ce point, je me suis vu obligé de confesser l'impuissance du savoir actuel. Mais si je n'ai pu dire d'où venait l'homme, j'ai pu dire, *au nom de la science*, d'où il ne venait pas ; j'ai pu affirmer que nous n'avons pour ancêtre aucun animal, pas plus le singe que le phoque ou tout autre animal, quel qu'il soit ». Malgré cet aveu de M. de Quatrefages, toute l'attention du monde scientifique a été portée, dans ces dernières années, vers les travaux de la Société d'anthropologie. On espérait voir sortir de cette réunion de personnes éminentes la solution du grand problème — l'origine de l'homme. Cette attente a été déçue, rien n'a été fait, et rien ne pouvait être fait puisque la plupart des anthropologistes cherchaient dans la transformation animale ce que l'on ne peut trouver que dans la transformation végétale.

C'est donc vers l'étude de la botanique qu'il faut aujourd'hui appeler l'attention du public. Il faut faire comprendre au monde savant qu'il est de la plus haute utilité d'éveiller partout le goût de cette science qui devrait être considérée comme la plus importante de toutes puisqu'elle renferme la clef du plus grand des mystères — notre origine — et, en même temps, la plus utile des histoires — l'histoire de la vie.

Mais on le sait, aucune science n'a progressé sans l'initiative des théoriciens, sans les hardiesses de certains esprits audacieux qui mettent tout d'un coup en lumière des faits que la patiente investigation des savants n'avait pas aperçus.

Les matériaux que la science a rassemblés, depuis quelques années, pour la construction de l'édifice scientifique et social sur lequel l'humanité doit reposer forment un amas confus. Il semble qu'au milieu de toutes ces pierres apportées par les uns et les autres on ait oublié de faire un plan. Chacun s'est fait ouvrier. M. Darwin seul s'est fait architecte, mais le plan qu'il a donné est mauvais, il manque de base.

Les savants modernes ont tous négligé de s'occuper de l'idée générale qui doit grouper les matériaux épars. Ils n'ont étudié que les détails et n'ont pas aperçu l'ensemble. Ce système est inconcevable de la part de tant d'esprits d'élite. Grouper des faits sans une théorie qui les relient, c'est fabriquer isolément les pièces d'un jeu de patience en attendant une main et une intelligence qui viennent les classer.

Plus hardi que les autres, et persuadé que ce sont moins les faits qui manquent aux théories que les théories aux faits. J'ai extrait l'idée générale des détails. Je suis parti armé d'une idée, à la recherche de faits qui la confirment, je l'ai soumise à une série d'observations et d'expériences, et partout je l'ai trouvé confirmée dans la nature.

Or, comme lorsque toutes les observations et toutes les expériences sont d'accord avec l'idée conçue *la loi est trouvée*, je donne comme une certitude l'histoire de l'*Origine végétale des animaux*.

L'ORIGINE DES ANIMAUX

HISTOIRE DU DÉVELOPPEMENT PRIMITIF

CHAPITRE Ier

ANATOMIE VÉGÉTALE & ANIMALE COMPARÉES

Le règne végétal se divise en trois grands embranchements :

Les *dicotylédones* qui germent avec deux cotylédons ;

Les *monocotylédones* qui germent avec un seul cotylédon ;

Les *acotylédones* qui germent sans cotylédon (1).

Les animaux d'origine végétale sont :

Les mammifères issus de l'embranchement des dicotylédones ; les oiseaux, les reptiles et les articulés issus de l'embranchement des monocotylédones ; différentes espèces inférieures groupées par les zoologistes dans des classes différentes, issues de l'embranchement des acotylédones.

---

(1) Je ne fais pas un embranchement des gymnospermes, comme on le fait maintenant. Je suis l'ancienne division classique pour simplifier l'exposé de cette théorie. Cependant, dans le courant de ce livre, je ferai des gymnospermes une étude séparée dans un chapitre spécial.

Les poissons, les batraciens, les mollusques ne sont pas d'origine végétale. Ils n'ont aucune parenté avec les animaux aériens. Leur formation, d'origine aquatique, suit un mode de développement tout différent de celui des vertébrés terrestres.

Nous nous occuperons d'abord de l'embranchement des dicotylédones puisque c'est dans cette grande division du règne végétal que nous allons trouver l'origine des mammifères, dont l'homme fait partie.

LA STATION DES ANIMAUX
ET DES VÉGÉTAUX

J'ai parlé dans la préface de ce livre du renversement du fœtus dans l'utérus maternel, pendant le développement embryonnaire. Ce fait qui peut sembler insignifiant a cependant une importance considérable. Il explique à lui seul toute la théorie contenue dans ce livre; il explique à lui seul tout le développement primitif.

C'est pour ne pas l'avoir observé et, par conséquent, pour ne pas en avoir tiré toutes les conséquences qui en résultent, que nous avons été pendant si longtemps trompés dans nos recherches et déroutés dans nos observations; c'est pour ne pas en avoir tenu compte que nous n'avons pas aperçu l'identité de structure des végétaux et des animaux, ou plutôt la continuation par des gradations insensibles de la formation anatomique commencée à l'aurore de la vie végétale et continuée dans la vie animale. (1)

La station verticale de l'homme, la station horizontale des quadrupèdes est la cause qui nous a empêchés de découvrir leur origine végétale et de suivre leur développement progressif dans la nature. Cette façon de lever la tête vers le ciel et de s'appuyer sur les membres inférieurs, si peu faits pour le soutenir, est une station que l'homme adopte après la naissance, et qui est justement l'opposé de la station actuelle de l'arbre qui nous représente les premières phases de la vie embryonnaire. Pendant toute la vie intra-ultérine qui reproduit la longue période du développement primitif l'homme occupe la même station renversée que la plante.

Il est si vrai que la position actuelle de l'homme est acquise et non pas native, que maintenant même, après des siècles d'habitude héréditaire contractée par nos ascendants, nous ne pouvons pas encore supporter la station verticale dans une immobilité parfaite pendant plus de quelques

---

(1) Un naturaliste allemand, M. Schmitz, auteur d'un livre intitulé : « *De la cause de tout mouvement dans la nature* », convaincu, comme moi, que les animaux procèdent des végétaux, mais n'ayant pas trouvé *le comment* de la question, avait essayé d'expliquer le développement primitif sans tenir compte de ce renversement qu'il n'avait pas aperçu. L'embryologie n'était pas née alors pour nous servir de terme de comparaison. Il mettait la tête à la place des organes de la génération et les pieds à la place de la tête. Inutile de dire qu'il était arrivé à des résultats fantastiques.

instants ; nous cherchons des points d'appui, nous prenons la position hanchée pour reposer tour à tour nos membres fatigués. Cet exercice nous est pénible parce qu'il y a une grande dépense de force dans notre station actuelle. Ce fait suffit à prouver qu'elle n'est pas originelle, car il est logique de supposer l'être primitif dénué de force puisqu'il faut bien le supposer privé, comme l'embryon, de facultés motrices à l'origine. La contraction musculaire ne s'exerce que par l'entremise des nerfs moteurs qui ne fonctionnent pas pendant les premières phases du développement.

La station verticale nous coûte un effort que nous faisons par la volonté, c'est-à-dire par la mise en jeu d'une force motrice agissant sur les muscles, mais lorsque cette force cesse d'agir, soit parce qu'un exercice fatigant a épuisé sa réserve, soit parce que le sommeil nous envahit, en un mot, lorsque la volonté n'agit plus ou devient impuissante à provoquer l'action, l'homme a besoin de s'étendre pour reprendre la position horizontale qui, probablement, a été pendant longtemps la station intermédiaire qu'il a occupée entre la position végétale et la position animale. Il se couche sur le sol, sa tête qui alors recommence à obéir au géotropisme, vient rejoindre la terre, et c'est encore dans cette position horizontale que nous passons la moitié de notre vie, toutes nos heures de sommeil. Si par hasard il nous arrive de nous endormir debout, bientôt le poids de la tête, cherchant le sol, nous entraîne, et, malgré nos efforts, tend à lui faire regagner sa position primitive qui est en bas.

Tous les physiologistes sont d'accord là-dessus (1).

M. Béclard dit à ce sujet : « Le corps pour rendre son équilibre plus stable et pour ne pas reposer tout entier sur la projection verticale du tibia, c'est-à-dire sur le talon, mais pour répartir également son poids sur toute l'étendue de la base de sustentation, le corps, dis-je, s'incline légèrement sur l'articulation tibio-astragalienne, pour reporter en avant la projection verticale du centre de gravité, d'où il suit que le corps a une certaine tendance à tomber en avant, et que les muscles qui s'opposent à ce mouvement, c'est-à-dire les muscles du mollet, sont dans un état de tension permanente. »

— « L'action musculaire, quelqu'intense qu'on

---

(1) « Pour que les membres puissent rester fermes et soutenir le corps, il faut que leurs muscles extenseurs se maintiennent contractés, car sans cela, ces organes fléchiraient sous le poids qu'ils supportent et en détermineraient la chute. Nous avons déjà vu que les muscles se fatiguent d'autant plus vite que chacune de leurs contractions dure plus longtemps ; aussi, chez la plupart des animaux, la station est-elle à la longue, plus fatigante que la marche. » Milne Edward.

« La station d'abord est un exercice car elle exige la contraction permanente des muscles extenseurs et fléchisseurs des membres inférieurs et du tronc ; ces muscles sont obligés de se contracter pour se faire équilibre, annuler ainsi leur action réciproque et maintenir la station. C'est un exercice des plus fatigants et qui amène rapidement la courbature des membres inférieurs par suite de la compression des filets nerveux interfibrillaires. » Becquerel.

la suppose, est une force essentiellement intermittente. Tout muscle ne se contracte qu'à la condition de se relâcher. Une contraction ne dure pas quelques minutes d'une manière permanente sans amener bientôt un épuisement et une impuissance absolue. Une force *intermittente*, comme l'est la contraction musculaire, ne peut pas faire équilibre à une force *constante*, comme l'est la pesanteur. »

— « Lorsqu'on envisage un homme qui se tient debout sur les deux pieds, le corps est à l'état d'*équilibre*, mais les puissances musculaires ne sont pas inactives ; elles agissent dans des sens divers et se balancent réciproquement pour maintenir le corps dans la verticale. Le corps de l'homme et celui des animaux n'est, à proprement parler, à l'état de repos, que lorsqu'il est étendu sur le sol ou sur des corps plans, obéissant ainsi librement aux lois de la pesanteur. »

— « Lorsqu'on cherche à placer un cadavre dans la situation verticale, le tronc peut être maintenu dans cette position, à peu près sans secours étranger, tandis que les membres se dérobent, pour ainsi dire, sous la charge du corps. C'est aussi ce qui arrive lorsque l'homme perd connaissance, c'est-à-dire lorsque la contraction musculaire fait défaut. »

— « La station quadrupède n'est, pas plus que la station bipède, une attitude passive, et si l'animal la supporte plus longtemps que l'homme, elle détermine néanmoins la fatigue. Dans la station quadrupède les muscles extenseurs des membres doivent, en effet, lutter par leurs contractions contre le poids du corps, qui tend à fléchir les segments des membres dans leurs diverses articulations. Le cheval offre, dans son mode de station, quelque chose d'analogue à la station hanchée de l'homme. Dans l'état le plus ordinaire il ne repose franchement que sur trois pieds. L'un des membres postérieurs est légèrement fléchi et ne touche le sol que par la pince. »

Le pied qui supporte la charge du corps est si mal construit, chez la plupart des animaux, pour remplir cet office, que si les quadrupèdes ne reposaient sur leurs quatre membres, il n'en est pas un seul qui pourrait se maintenir sur cet appendice terminal. Chez l'homme le pied ne soutient le poids du corps que par le talon, par l'extrémité des métatarsiens et un peu par le bord externe. C'est donc à force d'équilibre étudié, d'habitude acquise, que la station des animaux est devenue possible.

Si l'on compare cette station incertaine, chancelante, difficile, des animaux à la station assurée des végétaux, qui, cependant, reposent sur une base souvent moins large que les animaux, — puisqu'ils sont dans la situation d'un animal qui reposerait sur la tête — (1) et qui, néanmoins ne

(1) Un grand nombre de plantes ne possèdent pas, ou presque pas, de ramifications souterraines. Toutes les monocotylédones, par exemple.

déploient pour se maintenir sur le sol aucune force musculaire, étant privés d'innervation, on est forcé d'arriver à cette conclusion que les végétaux sont maintenus ainsi par un équilibre naturel établi par l'action dynamique des forces atmosphériques, action à laquelle ils sont étrangers.

L'équilibre des plantes est déterminé par une force objective tandis que celui que les animaux ont acquis ne peut être maintenu que par une force subjective.

Pendant que les physiologistes zoologistes sont d'accord à reconnaître l'instabilité de la station humaine et même quadrupède, les physiologistes botanistes, au contraire, sont d'accord à reconnaître l'équilibre de la station végétale.

« Le tronc étant placé verticalement par l'action directe de la pesanteur, dit M. Van Tieghem, tous les membres qui se développent sur ses flancs se disposent de manière à égaliser leur charge tout autour de lui, de façon qu'au fur et à mesure de son développement le corps vivant tout entier demeure en équilibre autour de la verticale.

» Ce résultat est atteint par la disposition même des membres. Dans la ramification terminale la dichotomie ou la polytomie, dans la ramification latérale la disposition verticillée, la disposition isolée avec une divergence qui est fraction de la circonférence et la superposition des membres en un certain nombre de rangées verticales également espacées qui en résulte, tout concourt précisément à ce but. »

Dans la station actuelle de l'homme il se produit continuellement une dépense de force destinée à alimenter la *contraction musculaire statique*, c'est-à-dire à lutter avec les forces physiques, dépense inutile dans la station inverse.

Je laisse aux amateurs de causes finales le soin de trouver et d'expliquer la *cause finale* d'une station qui exige de l'homme une dépense de force improductive.

Les animaux inférieurs, qui sont plus près de leur état primitif que les animaux supérieurs, sont fixés au sol par la bouche, comme les plantes, tels sont les spongiaires ; d'autres sont détachés du sol, mais conservent leur position primitive, ils marchent sur la tête, comme les céphalopodes.

Tous les insectes stationnent la tête en bas et l'abdomen en haut. Les araignées au repos au milieu de leur toile ont toujours la tête renversée. Les insectes ne portent la tête en avant que pendant le mouvement, comme les zoospores libres de végétaux.

Enfin tous les animaux prennent, pour dormir, une position qui se rapproche de celle que leurs ancêtres occupaient dans un cycle de vie antérieure. Ainsi, presque tous les mammifères quadrupèdes dorment en allongeant la tête entre les pattes antérieures ; quelques-uns se suspendent aux branches d'arbres en laissant pendre tout leur corps dans l'attitude qui a été leur station originaire ; le paresseux, les chauve-souris, surtout le vampire, prennent au repos cette position renversée. L'homme même sous l'accablement que cause une forte chaleur ou une grande fatigue cherche à prendre la position appelée *américaine*, qui consiste à appuyer les pieds sur un objet plus élevé que celui où repose la tête.

Mais tous ces faits n'ont qu'une valeur insignifiante à côté du fait qui prime tous les autres. Le renversement du fœtus pendant la vie embryonnaire.

C'est dans cette station renversée, semblable à la station végétale, non-seulement que se forment tous nos organes, mais surtout que s'établit notre circulation qui est d'abord aussi active que la circulation végétale. Lorsque l'enfant est jeté dans le monde par l'accouchement il change de station. Longtemps cependant nous le tenons dans la position horizontale que l'homme primitif a dû lui-même occuper sur le sol avant de se redresser, et ce n'est qu'à la fin de la première année que nous mettons l'enfant sur ses pieds. Pendant cette station transitoire sa circulation se ralentit, en partie à cause de l'obstacle qu'oppose alors au passage du sang la direction des valvules des veines.

Cependant peu à peu ses organes s'habituent à occuper, par rapport aux forces physiques qui agissent dans l'atmosphère, une position inverse de celle dans laquelle ils ont été créés primitivement à l'état végétal, et reproduits dans l'utérus maternel. Mais cette situation est si peu naturelle que si nous retournions brusquement l'enfant le jour de sa naissance il est probable qu'il en mourrait. (1)

Cette circulation ralentie, quoique acquise peu à peu dans la première enfance, amène encore, souvent, des troubles dans l'organisme, et la première chose que nous soyons impérieusement obligés de faire alors, c'est de nous étendre horizontalement, et souvent même ce changement de position suffit pour rétablir le fonctionnement régulier des organes. C'est ce qui arrive généralement en cas de syncope.

Je m'occuperai dans un chapitre spécial de ce ralentissement de la circulation causé par le renversement de l'individu, ralentissement qui, aujourd'hui, est devenu notre état normal.

Si je commence l'étude de l'origine des animaux par leur mode de stationnement, qui semble n'être qu'un détail de la physiologie, c'est parce qu'il importe, avant tout, de les remettre dans leur position primitive pour faire comprendre la formation du squelette d'abord, et celle de tous les organes qui y sont annexés, formation qui résulte de la relation des êtres avec les forces physiques qui agissent à la surface de la terre dans des directions

---

(1) « Il y a longtemps que j'ai dit que l'embryogénie n'a pas seulement pour mission de faire comprendre la véritable signification des formes transitoires de la vie fœtale, mais qu'elle recherche aussi la *direction de la force* qui réalise ces formes. » Coste, *Histoire du développement des êtres organisés*. Discours préliminaire.

déterminées. Or, les effets produits par ces forces seraient tout l'opposé de ce qu'ils sont si les animaux avaient été mis de prime abord dans la position renversée qu'ils occupent aujourd'hui.

Il est un autre fait, non moins important, que l'on a également négligé dans l'étude comparée du développement primitif et du développement embryonnaire ; c'est l'absence de mouvement et la fixité de l'être pendant les premières étapes de la vie. Dans le genre humain, par exemple, les premiers mouvements ne commencent à se produire qu'après le quatrième mois de la vie intra-utérine. Or, ces quatre premiers mois du développement représentent les premières phases du développement primitif. Comment les premières formes traversées auraient-elles pu être celles des êtres inférieurs de la série zoologique, infusoires, poissons, articulés, etc., tous doués de mouvements d'autant plus vifs qu'ils sont plus bas dans la série, tandis que les premiers mois de la vie embryonnaire se développent dans la fixité et l'immobilité qui est l'état de notre végétation actuelle.

En suivant la série animale le mouvement décroît de l'infusoire jusqu'à l'homme ; dans le développement embryonnaire le mouvement progresse de l'ovule à l'enfant, de l'enfant à l'homme.

La conclusion à tirer de ces deux faits — le renversement et l'immobilité — s'impose d'elle-même. L'être primitif occupait à la surface terrestre, pendant les premières phases de son développement, une station fixe et renversée.

Etudions donc, en partant de ce principe, l'anatomie de la plante actuelle, comparée à celle de l'embryon (1).

---

(1) L'idée que ce qui est a toujours existé (idée qui est la négation de l'évolution), est tellement enracinée dans l'esprit des hommes, que pour rendre conforme le passé au présent, même dans les moindres détails physiologiques, même dans la station de l'animal, on avait imaginé une théorie bizarre qui a reçu le nom de doctrine de la culbute, et qui consistait à dire que le fœtus porte, pendant le développement, la tête en haut, comme l'homme, mais que, quelques temps avant l'accouchement, reconnaissant sans doute la nécessité de présenter d'abord la tête à l'orifice qui doit lui livrer passage, il se retournait brusquement, c'est-à-dire faisait la culbute.

On s'étonne que de pareilles absurdités aient pu avoir, même un instant, cours dans la science; il y a longtemps, heureusement, que l'on a fait justice de cette erreur; cependant, comme cette théorie se trouve encore mentionnée dans certains ouvrages, il est bon non-seulement d'en parler, mais même de la réfuter; chose facile, du reste, car il suffit, pour prouver expérimentalement sa fausseté, d'ouvrir le corps d'un mammifère femelle en gestation; à quelque période que ce soit du développement embryonnaire on trouvera le fœtus renversé.

Si, après l'expérience, nous invoquons le raisonnement, nous ferons remarquer que si l'enfant était placé à l'envers et ne se retournait que trois semaines avant l'accouchement, tous les enfants qui naîtraient avant terme naîtraient par les pieds, ce qui n'a jamais lieu dans les cas normaux. Ajoutons que la mère, qui sent si bien les mouvements que l'enfant fait avec les pieds ou les mains dans les derniers temps de la grossesse, serait, non-seulement avertie de cette prétendue culbute de l'enfant, mais en éprouverait une véritable secousse; ce qu'aucune femme n'a ressenti.

Enfin, non-seulement la situation du placenta et celle du cordon ombilical ne permettent pas ce renversement, mais encore, s'il avait lieu, la poche de l'amnios se formerait en haut, au lieu de se former en bas, ce qui serait contraire aux lois de la pesanteur.

PREMIÈRE PARTIE
ORIGINE DES MAMMIFÈRES

CHAPITRE II
OSTÉOLOGIE

Le Squelette. — Les Vertèbres — Membres primaires. — Membres secondaires. — La Queue. — Le Crâne. — Ossification.

LE SQUELETTE

Le point de départ du développement primitif, comme le point de départ du développement embryonnaire, est une cellule végétale. De cette cellule dérivent tous les tissus de l'être qui s'organise. C'est en expliquant son développement et ses transformations qu'on peut arriver à faire l'histoire du corps humain, et prouver que cette machine dont les rouages sont, en apparence, si compliqués, est le produit naturel des modifications successives que les éléments primitifs ont subi sous l'action des forces extérieures.

Me Coste dit, dans son *Histoire du développement des corps organisés* :

« L'homme et les animaux proviennent d'un œuf. Les végétaux émanent d'une vésicule, d'une utricule ou d'une cellule. Or, comme en définitive un œuf n'est lui-même qu'une cellule plus ou moins complexe, il s'ensuit que, considérés à ce point de vue, tous les corps organisés ont une origine commune.

» Le tissu végétal, dit-il ailleurs, est exclusivement composé de cellules. Les physiologistes, entraînés par l'analogie, furent nécessairement conduits à rechercher si l'organisation animale ne se trouvait pas dans les mêmes conditions de structure. Ici, le problème était beaucoup moins facile à résoudre car les organes des animaux peuvent atteindre à un si haut degré de complication qu'il devient impossible d'en pénétrer la structure lorsqu'on les observe chez l'adulte. Mais si on prend la précaution d'étudier les tissus dans l'intérieur même du germe, et au moment de leur origine première, alors on peut clairement reconnaître que leur trame est, comme celle des végétaux, presqu'exclusivement composée de cellules d'autant plus faciles à reconnaître que le développement en a moins dissimulé la forme. »

M. Coste affirme donc, et avec raison, que l'analogie qui existe entre les végétaux et les animaux, considérés au point de vue histologique est surtout frappante si l'on compare la plante actuelle avec l'embryon puisque, dans la suite du développement — que la plante n'accomplit plus — les complications apparaissent.

Je ne m'arrête pas ici à démontrer, je ne dirai pas l'analogie, mais l'identité de la constitution anatomique des végétaux et des animaux, puisque cette étude a été faite, il y a longtemps déjà, et a servi de point de départ aux travaux histologiques modernes. M. Schwann, l'éminent professeur de l'Université de Liége, dans un travail publié en 1839, a fait l'histoire des tissus. (1) Il a démontré que la constitution cellulaire est la règle commune de toute formation histologique, et que le mode de développement des éléments anatomiques est le même chez les végétaux et chez les animaux.

Le développement de l'ovule animal, que nous voyons se dérouler pendant la vie embryonnaire, ne fait que retracer rapidement toutes les phases de la vie végétale, dont les plantes actuelles traversent encore sous nos yeux les premières étapes.

L'ovule végétal est, à son origine, une cellule. Cette cellule est d'abord composée d'une membrane de cellulose, d'un protoplasma albuminé et d'un noyau qui commence bientôt son travail d'organisation. Le protoplasma s'écarte et laisse des lacunes qui se remplissent d'un liquide granuleux et albumineux que l'on appelle le suc cellulaire ; bientôt ces vacuoles grandissant toujours remplissent tout l'intérieur de la cellule et le protoplasma repoussé vers la membrane y forme une couche pariétale. Le noyau entraîné avec la couche de

---

(1) SCHWANN. *Recherches microscopiques sur l'identité de structure et de développement des animaux et des plantes*, Berlin 1839.

protoplasma qui l'enveloppe s'enfonce dans la couche pariétale où il forme une petite proéminence qui est l'origine de l'embryon. « Dans toutes les plantes vasculaires, dit M. Van Tieghem, l'œuf traverse, sur la plante-mère, et à ses dépens, les premières phases du développement qui doit l'amener à devenir une nouvelle plante. Dès cette première période, une racine apparaît presque toujours sous l'extrémité inférieure de la tige, occupant seule cette extrémité toute entière, et se plaçant dans le prolongement même de cette tige. »

C'est donc une petite tige que nous allons voir apparaître, terminée à l'extrémité inférieure ou céphalique par un petit renflement qui deviendra une tête ou une racine, terminé dans sa partie végétative, c'est-à-dire caudale, par tous les organes qui apparaissent pendant les premières phases du développement végétal, alors que l'individu possède encore les caractères de la plante herbacée.

C'est d'abord l'apparition d'un (ou plusieurs) cotylédon, reproduit dans la vésicule ombilicale, réservoir de matières nutritives et premier organe de circulation. Ensuite l'apparition d'une feuille, l'allantoïde, décrite comme une poche aplatie contenant un liquide, mais qui, en réalité, n'est qu'un organe foliaire formé de ses deux lames épidermiques séparées par le mésophylle.

Enfin nous assistons à l'apparition des premiers rudiments de la tige. « Ordinairement, dit M. Van Tieghem, la tige tire son origine des premiers développements de l'œuf. Dès que l'œuf est devenu un massif de cellules, la tige se caractérise, se différencie dans ce massif et ne tarde pas à former autour de son sommet libre, une ou plusieurs petites feuilles, c'est-à-dire son bourgeon terminal, l'autre extrémité est occupée par la racine quand il s'en fait une. Plus tard la tige s'allonge et se ramifie. »

Les premiers linéaments de cette tige primaire dans l'embryon nous mettent sous les yeux un petit corps cellulaire comme la tige herbacée, puis, un peu plus tard, une petite masse pleine, ligneuse, — c'est-à-dire fibreuse, — mais enfin solide, car les éléments de l'embryon ne sont pas fluides comme le seront, plus tard, dans l'animal, les liquides de l'organisme. Dans cette petite masse il n'y a d'abord ni cavités, ni viscères, ni cloisonnements; elle est pleine d'un tissu fibreux comme le sont nos arbres actuels.

Sans entrer dans aucun détail sur les phases qui représentent le développement de la plante herbacée et que je reprendrai dans un chapitre spécial d'embryologie, je passe tout de suite à la formation du squelette.

Un mot cependant aux transformistes.

Il est convenu que chaque degré de perfectionnement des espèces est représenté par un stade du développement embryonnaire des espèces supérieures.

Je demande, en vertu de cette loi, que l'on ne peut pas nier, que l'on me montre dans la série animale l'homologue d'un individu réalisant la forme reproduite par l'embryon au moment où il est pourvu de sa vésicule ombilicale et de son allantoïde. Où est l'animal qui ressemble à cela ?

Quel est l'espèce zoologique qui ait à l'état adulte cette structure normale ? En attendant leur réponse, je ferai remarquer que cette forme est celle de tous les végétaux phanérogames pendant les premières phases de leur développement, celle de toutes les plantes annuelles ; toutes ont commencé par être pourvues d'une vésicule ombilicale, un cotylédon, souvent deux (j'explique plus loin pourquoi le second avorte toujours dans le recommencement de la vie animale) suivi de l'apparition d'une feuille, insérée immédiatement au-dessus de lui, puis enfin de l'apparition d'une tige, contenant à son centre les éléments qui formeront plus tard le canal médullaire, le névrax, en attendant l'apparition des membres et des viscères (1).

---

(1) La chlorophylle apparaîtrait dans l'allantoïde si on pouvait l'exposer à l'air sans tuer l'embryon. Mais comme elle pousse dans un endroit où les radiations solaires ne pénètrent pas, elle reste incolore comme les feuilles d'une plante qui pousse en cave. Cependant le cordon ombilical, qu'elle devient dans le courant de la vie embryonnaire, renferme de la chlorophylle ; en outre, on a observé depuis longtemps des points colorés en vert sur les bords du placenta du chien et du chat, et sur les villosités de la vésicule ombilicale de la musaraigne. Chez la belette on a trouvé, dans une région située à l'opposite du mésentère et répondant à la solution de continuité du placenta, des villosités présentant une teinte orangée.

On a assimilé les matières colorantes de l'embryon à l'hématosine ou à la bilirubine. Meckel a donné le nom d'hématochlorine à la chlorophylle du placenta des carnivores.

Quoique la lumière semble généralement nécessaire à la formation de la chlorophylle, elle apparaît cependant déjà dans l'embryon végétal au sein de la graine, comme nous la voyons encore se former à l'obscurité dans les annexes de l'embryon animal. Nous expliquerons plus loin la cause de ces faits.

Donc, pendant le commencement de la vie embryonnaire le fœtus a la structure d'une plante et non celle d'un animal.

Ces quelques mots dits pour établir le parallélisme entre le développement primitif et le développement fœtale, passons tout de suite à l'histoire des forces qui ont créé les formes primitives.

LES VERTEBRES

Si nous considérons une très-jeune plante, n'ayant encore d'autres organes qu'une radicule et des feuilles, nous voyons ces organes portés par une tige herbacée formée d'un tissu cellulaire extrêmement simple.

En attendant la formation de la tige ligneuse, cette tige provisoire forme l'axe de la jeune plante. C'est la *Corde dorsale* de l'embryon, la ***notocorde***, que les embryologistes considèrent comme une colonne vertébrale provisoire, quoiqu'elle ne soit pas divisée en segments.

« La formation de la colonne vertébrale, dit Kölliker, et celle, d'une façon plus générale, du squelette, est précédée par l'apparition de la corde dorsale, sorte de cordon fusiforme, situé dans l'axe de l'embryon, terminé en pointe dans la tête et restant sans limites précises du côté opposé tant que toutes les protovertèbres n'ont pas achevé de se dessiner et, dès que cela a lieu, finissant également par une extrémité pointue. La corde dorsale est, au début, un simple cordon cellulaire puis elle acquiert une enveloppe anhiste, *le fourreau de la corde*. Celui-ci augmente graduellement d'épaisseur et, sur la corde bien constituée, se présente sous forme d'une enveloppe entièrement transparente.

Pendant que le fourreau de la corde s'épaissit l'organe tout entier gagne en largeur ». (*Embryologie* pag. 415).

La corde dorsale dans le fœtus est bientôt remplacée par une colonne cartilagineuse qui devient une colonne osseuse, comme dans la plante la tige herbacée est remplacée par une tige fibreuse qui acquiert avec l'âge une consistance de plus en plus grande. En considérant des embryons de différents âges on assiste à cette substitution progressive, en considérant des plantes de différents âges on voit se dérouler cette évolution primitive.

Examinons donc, en suivant le développement végétal, la formation première de cette tige.

On sait que la croissance des plantes dicotylédones est due au développement des bourgeons qui naissent à la continuation de la tige primaire et se produisent tous les ans. La gemmule de l'embryon constitue le premier bourgeon terminal. « Lorsqu'elle a pris tout le développement dont elle était susceptible, dit Ad. de Jussieu, que, parvenue à ce premier terme la tige avec ses feuilles s'arrête dans sa croissance, sur son sommet se forme un bourgeon qui en est comme le couronnement. Après un certain temps d'arrêt qui, dans nos climats, répond à l'hiver, ce bourgeon commence à se développer, puis s'arrête de même, à son tour, en en préparant un pour l'année suivante. La tige se compose donc réellement d'un certain nombre de branches bout à bout; par conséquent, dans nos arbres dicotylédonés on doit voir diminuer successivement le nombre de couches ligneuses, une par une, à mesure qu'on les observe de bas en haut; et, si l'on pouvait distinguer, en dehors, la pousse de chaque année de celle de l'année précédente, on aurait, tant que cet allongement ne s'arrête pas, un moyen extérieur de distinguer l'âge d'un arbre.

Mais si, vers le haut de la tige, on trouve des traces annulaires qui indiquent les pousses successives, elles se sont, en général, depuis longtemps effacées vers le bas, dans les vieux arbres. Et, d'ailleurs, nous ne savons pas encore avec assez de précision si, dans les climats différents des nôtres et exempts d'hiver, la formation de chacun de ces anneaux correspond à une année ou à tout autre intervalle de temps. » Cette description devrait suffire pour démontrer la formation annuelle des zônes superposées, qui forment la tige. Cependant j'invoque, à côté de l'autorité de Jussieu, celle, non moins grande de M. Duchartre. Il explique ainsi la même formation graduelle de la tige primaire et sa décroissance en diamètre depuis son point de départ jusqu'à son extrémité caudale (1) : « Dans nos pays les froids de l'hiver amènent pour la tige un arrêt de la végétation. Dès que la température se radoucit, le retour à l'activité s'annonce de bonne heure dans la zône génératrice qui, alors réduite à une très-faible épaisseur, multiplie dès cet instant, par formation nouvelle et par division, les cellules dont elle est composée. Sous l'influence du printemps, ce tissu générateur continue rapidement son développement, et peu à peu on le voit prendre les caractères du bois dans sa partie interne, du liber dans sa portion externe. La conséquence de ces faits c'est que la couche ligneuse de la première année finit par se trouver recouverte d'une nouvelle couche ligneuse produite pendant la seconde année, et que, d'un autre côté, sous la première couche de liber, il s'en est formé une seconde pendant la même période. En même temps, comme à la fin de sa première période végétative, la jeune tige était, en général, surmontée d'un bourgeon *terminal*, le développement de celui-ci a eu pour effet la formation d'une pousse nouvelle qui l'a allongée d'autant. Il suit de là : 1° que la moëlle, qui occupe toujours le centre (le nevrax), s'est allongée d'un nouveau cylindre dont la hauteur égale celle de la nouvelle pousse ; 2° que la

---

(1) Afin d'éviter la confusion que les termes *supérieur* et *inférieur* amèneraient forcément, à cause du renversement en parlant tantôt de la plante, tantôt de l'animal, je supprime ces termes et j'adopte définitivement ceux d'*extrémité céphalique* pour désigner la partie inférieure de l'embryon et de la plante, et *extrémité caudale* pour désigner l'extrémité supérieure.

nouvelle couche ligneuse, non seulement recouvre entièrement la première, mais encore la dépasse de toute la longueur de la formation nouvelle; 3° que la production libérienne de l'année a débordé aussi de la même longueur celle de la première année, sous laquelle elle est placée dans sa portion inférieure; 4° que les rayons médullaires déjà existants se sont prolongés à travers le bois et le liber de nouvelle formation et qu'il s'est même formé, à travers ces produits de la deuxième année, des rayons secondaires qui, par conséquent, ne s'étendent pas dans l'épaisseur des formations antérieures. Chaque année des faits pareils se reproduisent; de la zône génératrice émane intérieurement une couche ligneuse qui enveloppe toutes les couches ligneuses antérieures, en les dépassant de la hauteur de la nouvelle pousse dont la formation est plus ancienne, en les refoulant vers l'extérieur. » (1).

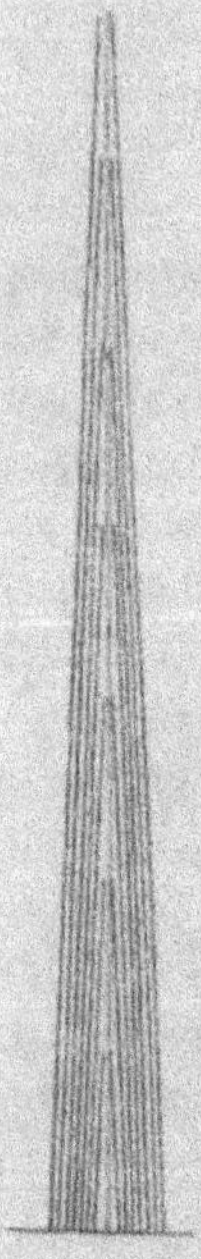

FIG. 1.

Figure schématique de la formation des couches annuelles dans la tige.

M. Duchartre ajoute à cette description une figure très-explicative.

---

(1) Kolliker appelle le bourgeon terminal de la tige de l'embryon animal *bourrelet terminal*. « Le bourrelet terminal, dit-il, forme une assise particulière. Ce bourrelet terminal doit être comparé à cette région qui, dans des embryons plus

Je la reproduis, un peu amplifiée, c'est-à-dire en donnant à la tige quelques années de plus, et, par conséquent un peu plus de hauteur. Elle démontre très-clairement que la croissance indéfinie de la tige, appelée en botanique croissance terminale, est représentée par des segments transverses superposés les uns aux autres et semblables entre eux. La diminution du diamètre des couches répond à la formation appelée *basifuge*.

Cette figure ne représente que la tige aérienne, celle qui s'élève au-dessus du collet organique (le point nodal où se formera le cœur de l'embryon); pour qu'elle fut tout-à-fait exacte il faudrait lui annexer à la base la même tige renversée pour indiquer la croissance souterraine qui commence à ce même point.

C'est de même au milieu du rudement de corps de l'embryon qu'apparaissent d'abord les protovertèbres; de là elles s'étendent dans deux directions. Sur un embryon de 30 à 32 heures on voit déjà trois ou quatre protovertèbres. A cet état il

---

jeunes, est située immédiatement en avant de la ligne primitive, au point où celle-ci commence à se différencier en couches particulières. Ce bourrelet représente, en effet, dans des embryons comme celui qui nous occupe une substance formatrice qui, continuant à proliférer, se différencie incessamment en tube médullaire, corde et lames protovertébrales, et joue un grand rôle dans la formation de la queue. »

représente donc une plante de trois ou quatre ans. (1)

Le niveau auquel la tige s'est arrêtée à la fin de chaque année marque l'endroit qui plus tard séparera une vertèbre d'une autre vertèbre.

Cette figure met en évidence la diminution du diamètre de chaque zône annuelle, à partir d'un point déterminé que l'on appelle l'optimum de croissance. La dernière zône qui représente la dernière vertèbre de la queue n'est plus qu'un bourgeon avorté.

Examinons maintenant pourquoi la dimension des vertèbres n'est pas restée celle des zônes annuelles de la plante. Voyons comment cette réduction s'est opérée.

« Quand on mesure la quantité dont s'allongent dans le même temps deux tiges de même espèce et de même âge, placées dans les mêmes conditions de température et d'humidité, dit M. Van Tieghem, l'une à l'obscurité, l'autre en pleine lumière, on trouve que la première a une croissance plus rapide et forme des entre-nœuds plus longs que la seconde. Dans un entre-nœud de fritillaire, par exemple, l'allongement maximum en 24 heures a été de

(1) Apparition des deux premières protovertèbres, observée par Kölliker sur un lapin : « Les deux premières protovertèbres étaient étroites et longues. La première était distante de 1,44mm de l'extrémité antérieure de l'embryon ; la seconde de 0,37mm de l'extrémité postérieure du sillon dorsal ; elles étaient donc par suite situées à peu près exactement au milieu du rudiment pris dans son ensemble ».

18^{mm},2 dans la chambre obscure à une température de 10°,7, pendant qu'à l'alternance du jour et de la nuit il était seulement de 13^{mm},4 à une température de 13°,9. La différence eut été plus forte si l'on n'avait tenu compte que des 12 heures du jour, et si la température avait été tout-à-fait la même des deux côtés. Une tige de fève s'est accrue en 24 heures de 32 millimètres à l'obscurité; éclairée par une flamme de gaz placée à 35 centimètres de distance, elle ne s'est allongée pendant le même temps que de 16 millimètres. Il suffit donc de la radiation d'une simple flamme de gaz pour réduire de moitié la croissance d'une tige.

Cette action modificatrice de la croissance varie avec la longueur d'onde des radiations incidentes et avec leur intensité. Nous savons aussi que l'influence de la radiation sur la croissance de la tige est un phénomène d'induction.

Ceci rappelé, considérons une tige exposée aux variations périodiques d'intensité de la lumière naturelle, c'est-à-dire à une intensité qui augmente chaque jour de l'aurore à midi pour diminuer de midi jusqu'au soir et devenir nulle pendant la nuit. Disposons les choses de manière que l'intensité ne varie qu'au dessous de l'optimum, que la température et l'humidité deviennent constantes, et mesurons d'heure en heure les accroissements. Nous verrons que les accroissements horaires vont en augmentant régulièrement du soir jusqu'au matin pour diminuer brusquement après le lever du soleil et décroître ensuite lentement jusqu'au soir. Dans ces conditions, l'alternance de la lumière du jour et de l'obscurité de la nuit détermine donc un abaissement et une élévation périodique de la courbe des allongements, et cela de telle sorte que cette courbe présente un maximum le matin avant l'aurore et un minimum le soir avant le coucher du soleil.

Ainsi, une fois la lumière supprimée, la croissance ne reprend pas de suite l'énergie propre qui lui appartient. Au contraire, comme l'atteste la lente et continuelle ascension de la courbe jusqu'au matin, c'est peu à peu, et plusieurs heures durant que la vitesse de croissance, ralentie pendant le jour, tend à reprendre sa valeur normale. Celle-ci n'est pas encore atteinte, que la lumière de l'aurore vient de nouveau la diminuer et la vitesse de croissance décroît à son tour d'heure en heure jusqu'au soir, où elle acquiert son minimum. En d'autres termes, cela signifie que les deux états intérieurs de la tige qui correspondent d'une part à l'obscurité complète, d'autre part à la pleine lumière du jour, empiètent l'une sur l'autre. Il faudrait que la lumière du jour agit plus longtemps pour arriver à supprimer l'état nocturne de la croissance; il faudrait également que la nuit fut plus longue pour en annuler l'état diurne. S'il en était autrement, la courbe de croissance devrait le soir, ou par un brusque obscurcissement de la chambre, se relever aussitôt verticalement, puis se maintenir à la même hauteur toute la nuit, pour s'abaisser aussitôt le matin ou au retour de la lumière et se maintenir à la même hauteur. Or, c'est ce qui n'a lieu en aucune façon. »

Nous venons de voir, par cette description, que l'intensité de la croissance varie d'heure en heure. Mais si elle varie en présence d'aussi faibles variations atmosphériques, combien ne doit-elle pas varier davantage en présence des variations considérables que le changement des saisons nous apporte.

La croissance de la plante est déterminée par deux forces : la force terrestre, le *géotropisme*, qui, en s'exerçant de bas en haut l'active, et la pesanteur qui, en s'exerçant de haut en bas sur la plante, comme sur tous les corps placés à la surface terrestre, imprime sur elle une action motrice qui la repousse vers la terre.

Quelques auteurs ont confondu ces deux actions qui cependant sont inverses l'une de l'autre et n'ont de commun que leur direction verticale.

A côté de ces deux actions motrices qui s'exercent toujours verticalement, nous trouvons une troisième force, l'*héliotropisme* — l'action solaire — qui s'exerce dans des directions qui varient à toute les heures du jour.

La pesanteur semble être une force immuable, mais le géotropisme et l'héliotropisme ont dû varier continuellement d'intensité pendant le cours des âges de la terre ; et, non-seulement elles ont dû subir de grandes variations dans le passé, mais elles varient encore périodiquement suivant les heures et les saisons. L'héliotropisme suit les oscillations de l'intensité du foyer solaire, le géotropisme suit les oscillations terrestres.

Lorsqu'une plante est soustraite à l'une des actions verticales qui s'exercent sur elle, l'autre agissant librement agit plus fortement. L'action de la pesanteur s'exerçant de haut en bas, la plante y est soustraite chaque fois qu'on interpose un obstacle entre elle et cette force.

La pesanteur n'est autre chose que l'action motrice des radiations stellaires qui sillonnent l'univers, et s'arrêtent à la surface des mondes qu'elles tiennent en équilibre dans l'espace.

Comme elles viennent de toutes les directions elles donnent aux corps qu'elles frappent la forme sphérique, en même temps leur action motrice s'exerce de tous les côtés à la fois. (1)

Lorsqu'une plante végète dans un lieu où les radiations ne pénètrent pas — ou pénètrent peu — dans une cave, par exemple, elle s'allonge sous l'action du géotropisme. La même plante exposée aux radiations se raccourcit et s'épaissit sous la pression verticale qui s'exerce sur elle. L'action motrice des radiations se complique de leur action chimique ; soustraite à la radiation solaire la plante ne verdit pas.

---

(1) N'est-il pas déplorable que, pour faire l'histoire de la plante, il faille commencer par faire l'histoire physique du globe ! N'est-il pas désolant de considérer que l'obscurité qui règne dans les sciences naturelles règne aussi dans les sciences physiques qui doivent leur servir de point de départ !

Il résulte des variations périodiques de l'intensité des forces que la croissance se trouve activée pendant la moitié de l'année et retardée pendant l'autre moitié. En d'autres termes que la tige qui s'allonge pendant six mois comme celle qui végète dans un lieu mal éclairé, se raccourcit pendant une autre période de l'année.

Mais entre ces deux époques il y a des jours de transitions. Le réveil de la plante et son engourdissement sont des heures de lutte pendant lesquelles les deux actions inverses sont ralenties l'une et l'autre. Ce moment de ralentissement entre la croissance et la pression est marqué dans la colonne vertébrale par les disques intervertébraux qui séparent chaque vertèbre, c'est-à-dire chaque zône annuelle. (1) Ils restent fibreux et n'arrivent pas à l'ossification, comme y arrive la partie de la tige qui s'est accrue pendant l'époque

---

(1) « Au printemps, lorsque l'arbre est dans toute l'activité de sa végétation, qu'il développe ses nouvelles pousses et toutes ses feuilles, il se produit des vaisseaux nombreux et très-larges, entremêlés de peu de fibres et de cellules qui ont un grand diamètre. Plus tard, à mesure que les pousses approchent de leur développement complet, puis lorsqu'elles l'atteignent, la portion de bois qui est produite à cette époque de l'année renferme des vaisseaux moins nombreux, de moins en moins larges, et, au contraire, une proportion de plus en plus grande de fibres. Enfin, à l'automne, le développement extérieur a déjà cessé d'être appréciable que du bois continue à se produire, et la portion qui se forme alors se montre presque toujours dépourvue de vaisseaux, composée de fibres plus étroites, généralement comprimées de dehors en dedans, à parois plus épaisses et plus consistantes que celles des précédentes. Cette différence de texture se traduit par une différence corrélative de dureté et de coloration ; or, comme à l'ar-

où la plante subissait la plus forte pression. Ceci prouve que la pression joue un grand rôle dans l'ossification, ce qui, du reste, est confirmé par ce fait bien connu que la substance élastique qui forme les disques intervertébraux est encore susceptible de se réduire par la pression, puisqu'après une station prolongée ou après avoir supporté un fardeau sur la tête l'homme peut perdre un ou deux centimètres de sa taille par la compression de la substance des disques.

Ce fait suffit pour démontrer que la formation des vertèbres est due, en grande partie, à l'action motrice qui s'exerçait sur les couches annuelles de la tige, alors que les éléments qui les composaient étaient arrivées à l'état d'évolution auquel le tissu des disques intervertébraux s'est arrêté.

Etant donné le nombre de vertèbres d'un

---

rivée de la prochaine période végétative, le nouveau *bois de printemps* avec sa faible consistance et sa coloration propre, se superposera sans transition au *bois de l'automne* précédent qui en diffère beaucoup sous ces deux rapports, il en résultera une ligne de démarcation très-apparente entre la couche formée pendant l'année antérieure et celle qui se forme dans l'année actuelle.

» Il était intéressant de reconnaître, par le grossissement du tronc, la proportion du bois qui est produit aux différents moments de la période végétative annuelle. Dans ce but, M. Th. Meehan a mesuré régulièrement tous les sept jours, pendant les années 1862, 1863 et 1864, un peuplier de la Caroline, espèce que sa croissance rapide rend très-propre à ce genre d'observations. Il a vu ainsi qu'un grossissement appréciable dans le tronc de cet arbre n'a lieu que pendant les trois mois compris entre le milieu de mai et le milieu d'août, et, en outre, que la proportion de cette croissance est beaucoup plus forte pendant le mois qui précède et celui qui suit ».

DUCHARTRE. *Éléments de Botanique.*

animal et la hauteur de l'arbre dont il provient (ce qui se vérifie en mesurant la longueur de son canal intestinal replié sur lui-même pendant les années de formation végétale, mais qui ne peut jamais être plus long que l'arbre n'a été haut) on peut facilement, en divisant cette hauteur par le nombre de vertèbres, trouver quelle était primitivement la dimension de chacune d'elles, dimension qui représente la croissance de l'arbre pendant une année. Ainsi, le canal intestinal du lion ne mesure que trois fois la longueur de son corps; en donnant pour terme moyen un mètre de longueur au corps du lion, nous devons en conclure que l'arbre dont il dérive mesurait trois mètres de haut, depuis le collet organique jusqu'à la naissance des branches primaires. (1) Le mouton possède un canal intestinal vingt-huit fois plus long que son corps, il dérive donc d'un des arbres qui s'élèvent le plus haut. L'homme représente un terme moyen, son canal intestinal mesure sept fois la hauteur de son corps, ce qui fait une moyenne de 8 à 10 mètres pour l'arbre qu'il a été pendant sa vie végétale.

---

(1) Quand je dis *mesurait* je me trompe peut-être, et je devrais dire, sans doute, *aurait mesuré*, s'il s'était élevé, comme le font nos arbres actuels; car, si nous supposons qu'à l'époque de la formation des animaux la pression s'exerçait pendant la moitié de l'année et la croissance pendant l'autre moitié, les arbres ne devaient pas avoir le temps d'arriver à la hauteur qu'ils atteignent aujourd'hui normalement.

La croissance de la plante ne s'opère pas de bas en haut, c'est-à-dire de la racine au sommet comme une fausse apparence pourrait quelquefois le faire croire, et comme le croient certainement bien des gens étrangers à l'étude de la botanique.

La croissance s'opère dans deux directions opposées, à partir d'un point neutre que l'on nomme *collet organique*, et qui sépare la plante en deux moitiés inégales lorsque l'arbre a atteint l'âge adulte. Mais ce point est beaucoup plus rapproché de la racine pendant les premiers temps du développement végétal, ce qui a fait dire aux botanistes, qui étudient surtout les plantes herbacées, que le collet organique se forme au niveau du sol. Ce collet organique, cette ligne neutre à partir de laquelle s'opère encore dans deux directions la formation de l'animal embryonnaire est l'endroit où se formera le cœur.

Dans un arbre adulte le collet organique est toujours situé au-dessus du sol à l'endroit où s'annulent l'électricité positive de l'atmosphère et l'électricité négative du sol. Ce niveau varie suivant les latitudes et les influences locales. En rase campagne, dans nos climats, il est situé à peu près à 1 mètre 30 centimètres au-dessus du sol.

Le cœur de l'animal est donc le collet organique du végétal. Placé d'abord dans la tête, il monte dans le cou, puis enfin dans la poitrine où il se fixe entre la 5me et la 6me vertèbre dorsale dans le genre humain (que nous prenons généralement pour type). (1) C'est à partir de ce point qu'a lieu la croissance dans deux directions opposées ; c'est à partir de ce point que les zônes annuelles qui deviennent les protovertèbres se multiplient, et il devrait naturellement s'en produire autant du côté inférieur que du côté supérieur, si une circonstance particulière ne venait arrêter la croissance hypogée de la plante, à une époque qui correspond à la 12me année de végétation. A ce moment le développement régulier que nous venons d'étudier se dérange.

Pendant les douze premières années la croissance supérieure a donné à la tige aérienne sept zônes qui ont formé sept vertèbres dorsales et cinq zônes qui ont formé cinq vertèbres lombaires, total douze. La croissance inférieure a donné à la tige hypogée cinq zônes qui correspondent à cinq vertèbres dorsales et sept zônes qui correspondent à sept vertèbres cervicales ; total douze. Mais arrivé là, nous voyons, aussi bien dans la tige aérienne que dans la tige souterraine, les disques intervertébraux s'oblitérer ; les nouvelles zônes qui se produisent d'abord séparées par des disques très-minces finissent par se souder ensemble et forment, par en haut, le sacrum, par en bas le pivot de la racine — le crâne.

---

(1) La pointe du cœur arrive au septième espace intercostal, mais ce n'est pas la pointe qui représente le plan primitif que faisait le collet organique. C'est le centre de l'organe situé devant la cinquième et la sixième vertèbre dorsale.

A quoi faut-il attribuer cette coalescence de toutes les vertèbres sacrées en un seul os, et cette disparition des disques intervertébraux qui annonçaient un ralentissement dans la végétation?

Evidemment à l'énergie de la plante, qui, arrivée à l'âge adulte déploie une plus grande activité vitale. Elle ne s'engourdit plus entre deux saisons parce qu'elle possède une force végétative plus grande, et cette activité donne, en même temps, un autre résultat, la division et la déviation des éléments anatomiques qui produisent à ce moment des rameaux secondaires, dont l'étude fera le sujet du chapitre suivant.

Mais dans la tige aérienne il arrive que, lorsque l'excès d'activité vitale a occasionné la naissance des rameaux secondaires, la tige médiane continue encore à croître pendant un temps plus ou moins long, qui détermine le nombre de vertèbres caudales de l'animal, tandis que, dans la tige souterraine, après un temps très-court et rigoureusement déterminé, l'arrêt est définitif.

Pourquoi cet arrêt est-il définitif?

Parce que la tige souterraine, à ce moment, se coude ; elle tend à s'étendre horizontalement, ce qui arrête sa croissance, parce que dans cette nouvelle position elle n'est plus soumise à l'action directe des forces qui font croître l'arbre suivant une ligne verticale. Du moment où la croissance s'arrête les éléments générateurs — le méristème — qui devaient concourir à la continuation de son développement, s'accumulent à cet endroit.

La forme des vertèbres provient de la différenciation du méristème primitif. Le méristème est la matière primordiale de laquelle sortiront tous les tissus. Lorsqu'elle commence à se diviser on voit se former dans sa masse, d'abord homogène, des groupes de cellules d'une autre nature, formant le procambium et qui, bientôt, arrivent à s'organiser en faisceaux composés de fibres et de vaisseaux.

Les protovertèbres se forment de même, dans l'embryon, en commençant par des amas de cellules situées de chaque côté de la moëlle et qui ont d'abord une forme d'arc de cercle ouvert en avant. (1)

Les faisceaux fibro-vasculaires qui dérivent de ces cellules se rangent dans la tige, dans la partie intermédiaire entre le centre qu'ils laissent libre — et qui, dans l'embryon, est le nevraxe et la périphérie. Le nombre de ces fais-

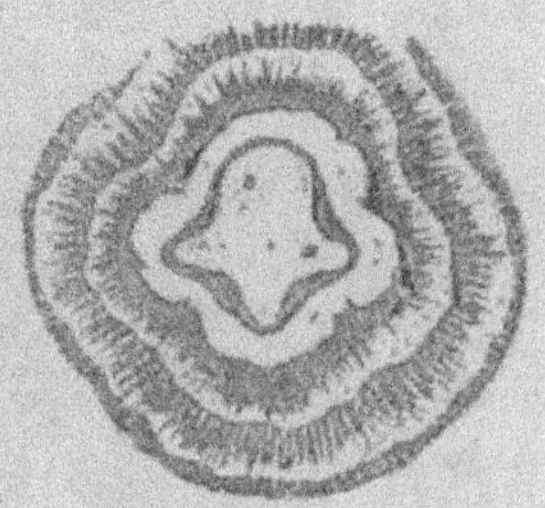

Fig 2.
Coupe transversale d'une tige montrant les sinuosités de l'étui médullaire (un peu exagérées par le dessinateur).

(1) « La corde dorsale est le précurseur de la colonne vertébrale, dans la constitution de laquelle interviennent aussi les protovertèbres situées des deux côtés de la corde. Il résulte de là que les parties des protovertèbres les plus profondes et les plus voisines de la moëlle, ou si l'on veut les *protovertèbres proprement dites* servent dans la majeure partie de leurs masse à envelopper la corde et la moëlle épinière, et pour cela se soudent en un tout cohérent qui a reçu le nom de *rachis*

ceaux varie. Il peut être de cinq, de quatre ou de trois. Les saillies que forment ces fibres longitudinales autour du centre médullaire deviendront, dans l'avenir de l'individu, les éminences divergentes qui partent de l'anneau vertébral et forment les saillies, plus ou moins prononcées, des apophyses. « La première couche de bois, dit Ad. de Jussieu, se compose de vaisseaux fibreux disposés en cercles autour de la moëlle. Ce cercle, dans sa partie interne, en contact avec la moëlle, a une structure particulière, il se moule sur la moëlle, ou plutôt la moëlle se moule sur lui, et les angles rentrants qu'elle présente toujours dans les premiers temps, et qui persisteront, correspondent à autant d'angles saillants qui forment le bord interne de chacun des faisceaux. »

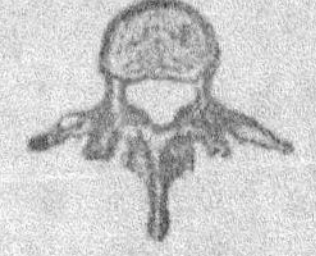

Fig. 3.
Une Vertèbre.

M. Duchartre décrit ainsi la formation, dans la jeune tige, des saillies de l'étui médullaire : « Quant à la portion primaire du bois qui touche à la moëlle et qu'on nomme l'étui médullaire,

---

membraneux. Dans ce rachis il y a lieu de distinguer : 1° une production axile sous forme d'un cordon épais, indivis, précurseur des corps des vertèbres et renfermant d'un bout à l'autre la corde dorsale; 2° directement soudés à lui, des prolongements membraneux formant un canal supérieur; c'est *la membrane unissante supérieure* ou les arcs *vertébraux membraneux*. Ils constituent une enveloppe complète à la moëlle, interrompue seulement au niveau des trous de conjugaison futurs; là où sont placés les ganglions spiraux ».

Kölliker. *Embryologie*, p. 416.

la zône qu'elle constitue et qui limite intérieurement la couche ligneuse, qui, par conséquent, formera toujours désormais une limite interne à la masse ligneuse, elle dessine nécessairement, en raison de sa formation première, une ligne non circulaire mais festonnée, le nombre de ses festons, ou angles, étant le même que celui des faisceaux issus originairement du procambium. De là l'étui médullaire présente trois angles dans le laurier-rose et la verveine citronelle, quatre dans le buis, cinq dans le chêne, le châtaignier, nos arbres fruitiers, etc. »

Le feston interne dessiné par l'étui médullaire résulte de la formation des premiers faisceaux qui apparaissent dans la tige, mais ceux-ci sont bientôt suivis d'autres faisceaux qui, se groupant à leur tour entre les premiers, dessinent de nouveaux festons, et ainsi de suite des formations successives qui apparaissent les unes après les autres, et qui sont la partie interne de la zône annuelle qui, dans l'avenir de l'individu, deviendra une vertèbre. Cette vertèbre ne sera donc pas un anneau circulaire, mais creusé de profondes entailles et accidenté de saillies.

Les côtes ne sont que la continuation des apophyses. Si chaque apophyse n'est pas prolongée par une côte c'est parce que le refoulement de l'étui médullaire — dont nous verrons la cause plus loin — a détruit les fibres qui devaient prolonger l'apophyse épineuse.

Chez quelques animaux, cependant, ce refoulement a été moins accentué et l'apophyse épineuse est un peu plus prolongée.

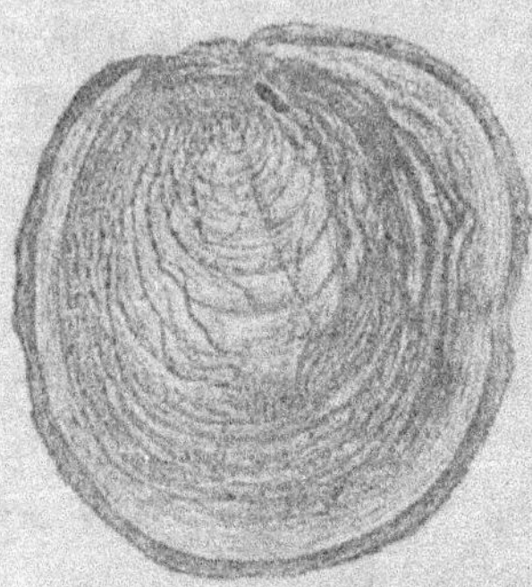

Fig. 4.
Coupe de bois montrant l'excentricité de l'axe.

Chez l'auroch elle a 30 à 40 centimètres de longueur — autant que les premières côtes. — Il n'y a donc presque pas eu de refoulement dans l'arbre qui a produit cet animal, et l'axe est resté central, au moins dans la partie inférieure du tronc.

Avant le refoulement de l'axe l'arc hœmatal et l'arc neural ont la même valeur. Ils embrassent chacun la moitié de la tige.

La formation des côtes est postérieure à la formation des vertèbres puisque les couches les plus anciennes sont les plus internes. Elle a dû s'opérer graduellement de l'axe médullaire à la périphérie.

Dans l'embryon humain les 6 côtes supérieures apparaissent du 40me au 45me jour.

Ce n'est qu'après que les côtes sont déjà bien dessinées que le sternum commence à apparaître, également par formation graduelle et probablement annuelle ; chacune des pièces qui le composent, et qu'on a appelées *sternèbres* en les comparant aux vertèbres, doit représenter une année de végétation. Dans la figure 4 dessinée d'après un tronc d'arbre de la Chine, on peut observer l'endroit où cette formation s'opère. C'est du 5me au 6me mois que le sternum apparait dans l'embryon, époque qui n'est plus représentée dans la population végétale contemporaine. (1)

---

(1) « Les côtes sont des produits des protovertèbres qui s'allongent, à l'état membraneux, dans la paroi abdominale primitive, en même temps que les lames musculaires et les nerfs spinaux. La transformation en cartilage de ces prolongements du rachis s'accomplit au deuxième mois comme pour les vertèbres.

Dès le moment où paraissent ainsi les rudiments des côtes cartilagineuses, ils sont séparés des vertèbres, auxquelles les rattache une masse molle unissante, dernier vestige du blastème des prolongements membraneux des vertèbres. Ces rudiments cartilagineux des côtes figurent de courtes tiges situées dans la partie postérieure des parois latérales du corps, et, une fois ébauchés, ils continuent lentement à s'avancer de plus en plus dans la paroi abdominale primitive ou dans la membrane unissante inférieure, en descendant vers la ligne médio-ventrale.

Dans ce trajet, les côtes antérieures (chez le cochon) présentent les rapports spéciaux suivants (Rathke). Les sept côtes d'un côté se réunissent entre elles par leurs extrémités, avant d'avoir atteint la face antérieure du thorax, en constituant ainsi une bandelette cartilagineuse, qui n'est autre qu'une moitié du sternum, et qui se réunira plus tard à sa correspondante du côté opposé. Effectivement, l'ensemble des sept côtes ainsi associées avec la bandelette cartilagineuse qui soude leurs extrémités, s'avance toujours de plus en plus dans la paroi abdominale primitive, vers la ligne médio-ventrale, jusqu'à ce qu'enfin les deux moitiés du sternum s'y unissent. Cette union se fait d'abord par le haut et progresse graduellement vers le bas, de façon qu'au terme du phénomène les quatorze côtes ne sont plus séparées que par une lame unique de cartilage, et que le rudiment du sternum se trouve presqu'entièrement constitué; il ne lui restera plus à développer par la suite que son appendice xiphoïde. Ce mode de formation du sternum explique l'anomalie bien connue sous le nom de *fissure sternale*. Elle résulte simplement de ce que les deux moitiés du sternum ne sont pas arrivées à s'unir complètement, et qu'une fente plus ou moins étendue subsiste entre elles, dernier vestige de l'in-

Les zônes concentriques du bois diminuant d'année en année, comme l'indique la figure 1, il n'est pas étonnant que les côtes s'arrêtent après les zônes qui représentent les vertèbres dorsales, du reste cet arrêt n'est pas brusque, mais progressif comme la diminution des couches ligneuses.

La partie du tronc qui comprend les côtes et les fausses côtes semble formée de deux cônes dont les bases se réunissent au niveau du cœur, point de départ commun, et dont les sommets sont, dans les deux directions, à la dernière côte.

Cependant la diminution progressive du diamètre des couches annuelles ne commence réellement qu'à l'âge adulte de la plante. Pendant ses premières années d'enfance la plante grossit moins qu'elle le fera plus tard ; il y a progression croissante de l'enfance à la jeunesse, puis progression décroissante de la jeunesse à la vieillesse. Si bien que les vertèbres qui ont le plus grand diamètre ne sont pas les premières formées pen-

---

tervalle primitif qui les séparait. La peau seule, dans ce cas, protège donc la poitrine sur la ligne médiane.

Les vertèbres lombaires de l'embryon humain développent aussi des cartilages costaux rudimentaires qui se soudent plus tard aux apophyses transverses dont ils constituent la partie antérieure. La treizième côte, qu'il n'est pas rare d'observer chez l'homme, n'est qu'un état plus prononcé du développement de la première de ces côtes lombaires. » KÖLLIKER. *Embryologie*, p. 425.

dant l'enfance de l'arbre, mais celles qui correspondent à l'âge adulte. — les vertèbres lombaires.

Si, dans la tige descendante, cette progression ne s'observe pas, cela tient à ce que cette partie de la tige émet continuellement des ramifications qui l'épuisent, ramifications adventives, destinées à disparaître, dont nous aurons à parler bientôt.

M. Van Thieghem explique ainsi cette progression croissante puis décroissante : « Si, pour chacune des zônes transversales du corps, on a tracé la courbe de ses accroissements successifs, en comparant toutes ces courbes, de la base au sommet du corps, on les voit devenir d'abord de plus en plus larges et de plus en plus hautes, de manière à circonscrire des surfaces de plus en plus grandes; on arrive ainsi à une courbe, la plus large et la plus haute de toutes, dont l'aire est maximum ; puis les courbes vont se rétrécissant et s'abaissant de plus en plus en limitant des surfaces de plus en plus petites. En prenant les distances à la base comme abscisses et les aires comme ordonnées, on peut tracer une courbe unique, la courbe des aires, qui n'est autre que la courbe des intensités de croissance. »

Pour expliquer la formation des apophyses articulaires, celles qui rattachent les vertèbres entre elles, il faudrait faire l'anatomie du bourgeon. Je laisse ce sujet aux botanistes. Je ferai seulement remarquer, pour faciliter le rapprochement, que sur la coupe transversale d'un bourgeon on retrouve dans la disposition première de ses parties constituantes l'origine des quatre échancrures creusées à droite et à gauche de l'anneau — qui deviennent les trous de conjugaison — et qui sont les espaces laissés libres par les fibres, lors de la division primitive du méristème. Ces espaces sont occupés dans la jeune tige par les rayons médullaires qui s'étendent de la moëlle à l'écorce, et se rétrécissent continuellement, en raison de l'accroissement des faisceaux fibro-vasculaires qui les oppriment et les réduisent, de manière à ce qu'ils ne forment plus, dans les tiges, que de minces lames rayonnant du centre à la périphérie.

Enfin, chaque rayon arrive, dans l'animal, à n'être plus qu'un faisceau de fibres nerveuses, toujours insérées dans l'axe médullaire, et sortant toujours par les trous de conjugaison.

Tel est le développement naturel de l'appareil vertébral des mammifères. Nous expliquerons plus loin celui du même appareil chez les oiseaux, lequel a certainement avec celui des mammifères de grandes analogies, mais de grandes différences aussi, résultant de ce que les oiseaux dérivent d'un embranchement végétal dont la structure anatomique diffère considérablement de celle des arbres dicotylédonés.

Cette formation lente des vertèbres nous montre qu'elles ne peuvent exister que chez les animaux ayant subi plusieurs années de vie végétale, dont ceux qui proviennent de plantes annuelles sont privés.

Comme nous venons de le voir cette évolution végétale est absolument fixe dans ses dispositions générales et ne peut se prêter à aucune transformation. C'est l'œuvre lente du temps, c'est le résultat d'une double action mécanique longtemps exercée, et si nous remontons plus loin encore c'est le résultat d'une différenciation de tissu au sein de la jeune tige, laquelle ne peut plus se produire dans un âge plus avancé de l'individu. Le nombre des vertèbres est donc absolument fixe et dépend de l'intensité de croissance de la plante, intensité réglée par des forces immuables — les forces qui balancent la terre dans l'espace et la maintiennent dans son orbite.

En face de la puissance de ces forces, en face de la grandeur majestueuse des causes qui ont formé les organismes qui pullulent à la surface terrestre, on prend en pitié la mesquine théorie Darwinienne qui, partout, invoque l'action de l'homme ou de l'animal, qui, partout, veut remplacer l'action gigantesque des forces naturelles par de petits moyens, comme la sélection, l'habitude, etc. Ainsi, par exemple, lorsque les transformistes affirment que la domesticité peut augmenter ou diminuer le nombre des vertèbres, celui des doigts ou des cornes, nous sommes bien forcés de voir dans ces affirmations le résultat d'une obscurité profonde de l'esprit, qui fait méconnaître les principes scientifiques les plus élémentaires — ceux qui consistent à chercher dans la nature les causes, au lieu de les chercher dans l'individu lui-même, suivant le système métaphysique qui consiste à rapporter tout à l'action de l'homme.

Du reste il est bien facile de réduire à néant la théorie des transformistes. Il suffit de les mettre en demeure de nous montrer, dans la nature, l'évolution qu'ils y voient, de nous montrer, par exemple, dans un animal, une vertèbre en voie de formation, ou en voie de dédoublement. Nous savons que cela n'existe pas.

En suivant l'évolution végétale, au contraire, nous pouvons montrer le développement de tous les organes, des vertèbres entre autres, dans tous les arbres de la création.

MEMBRES PRIMAIRES

La racine et la tige d'une plante dicotylédone forment deux corps cylindriques, partant d'un centre commun et croissant en sens inverse, sous l'action des deux forces verticales qui agissent sur elle, l'une de haut en bas, l'autre de bas en haut.

Le plan qui sépare ces deux corps, et qu'on appelle *collet organique*, est l'endroit où, peu à peu, se formera le cœur. « Je définis la tige, dit M. Germain de St-Pierre, axe ascendant ou aérien, terminé par un bourgeon (lisez vertèbre), je définis la racine axe descendant ou hypogé (souterrain) jamais terminé par un bourgeon (lisez toujours vertèbre où il y a bourgeon). L'axe primaire est celui qui résulte de la germination de l'embryon. Il est simple; il ne tarde pas à se ramifier par la division de la racine d'une part et, d'autre part, par la production sur la jeune tige de bourgeons axillaires devenant des rameaux qui constituent des axes secondaires ».

En effet, il arrive un moment dans la vie de la plante où la croissance cessant d'obéir à la force terrestre qui la dirige de bas en haut se dévie par le développement de bourgeons axillaires. En même temps que la tige la racine se ramifie et donne naissance à des rameaux symétriques entre eux et correspondant à ceux de la tige.

Ces bourgeons axillaires divisent la tige de bas en haut et la racine de haut en bas. Dans l'embryon animal il donnent naissance aux membres primaires. Les bourgeons qui naissent vers l'extrémité caudale de l'embryon sont ceux qui, dans le développement primitif de la plante engendraient les rameaux aériens, ceux qui apparaissent vers l'extrémité céphalique reproduisent les bourgeons axillaires qui engendraient les rameaux souterrains.

Les membres primaires, aériens et souterrains, se divisent eux-mêmes en ramuscules qui deviennent les doigts.

Faisons remarquer tout de suite qu'il existe entre les branches aériennes et les branches souterraines des arbres dicotylédones une correspondance parfaite, peu connue en général, parce que nous n'avons jamais occasion de voir un arbre adulte en entier.

Comme dans le fœtus nous y trouvons un axe primaire commençant au nœud vital (la tête) et se terminant au dernier bourgeon de la tige médiane (la dernière vertèbre de la queue), latéralement des branches aériennes secondaires correspondant aux deux racines secondaires qui forment des branches souterraines, des rameaux tertiaires aériens et souterrains, toujours en nombre égal et enfin, d'autres ramifications indéfiniment ramifiées elles-mêmes, jusqu'aux dernières nervures des feuilles, lesquelles existent en nombre égal et sont toujours disposées dans le même ordre que les radicelles dont elles sont l'homologie parfaite.

Cette correspondance qui caractérise les plantes dicotylées caractérise également les mammifères. Ils possèdent toujours quatre membres plus ou moins ramifiés, lesquels présentent entre eux une homologie parfaite. Le bras correspond à la cuisse, c'est-à-dire le fémur à l'humérus, l'avant-bras répond à la jambe, le tibia répond au radius et le péroné au cubitus, la partie terminale antérieure, la main, correspond à la partie terminale postérieure, le pied.

Mais cette division de la tige et de la racine ne s'opère pas dans la première enfance de la plante et ne peut être observée sur les individus très-jeunes, quoique leur tige émette, presqu'à l'origine, des branchilles qui la garnissent à droite et à gauche sans ordre et sans symétrie.

Ces ramifications prématurées qui sont, pour ainsi dire, les tâtonnements de la nature, ne parviennent pas à se fixer. Elles sont destinées à disparaître, comme celles qui, plus tard, proviendront encore de bourgeons adventifs. Ces branchilles, malgré leur peu de durée dans la vie végétale, se reproduisent dans l'embryon. Dès la formation du capuchon céphalique (la coiffe de la racine) on voit apparaître tout autour de la corde dorsale des noyaux munis de prolongements ; ces éléments appelés noyaux des fibres lamineuses sont les fibres libériennes qui, dans les premières années de végétation, se dévient dans leur direction pour aller, en se plaçant horizontalement, former une feuille. Un peu plus tard le développement de bourgeons axillaires nés à l'aisselle de ces feuilles, forme, tout autour de la tige, une ramification adventive qui disparaît tout à fait lorsque la ramification normale est établie.

Ce stade du développement primitif est bien facile à étudier dans la nature puisqu'il se déroule sous nos yeux dans la végétation actuelle.

Dans la vie embryonnaire toute la période d'évolution qui précède l'apparition des membres est représentée par l'*aire vasculaire*, période très-curieuse du développement, pendant laquelle le petit corps de l'embryon se garnit à droite et à gauche de rudiments vasculaires reproduisant exactement les ramifications adventives des arbres jeunes. Des ramifications qui naissent de chaque zône annuelle s'enfoncent dans le mésoderme qui forme une bordure autour de l'embryon, comme les ramifications de l'arbre s'enfoncent dans l'atmosphère qui les entoure et les nourrit. La bordure qui représente autour de l'embryon la zône aérienne dans laquelle les feuilles de ces branches adventives se nourrissaient, est un feuillet qui présente à cet endroit un épaisissement plus ou moins renflé et que V. Baer a nommé le *velum général*.

La petitesse des objets empêche d'en découvrir les détails, mais il est probable qu'avec de plus forts grossissements on pourrait distinguer dans l'aire vasculaire des rudiments de feuilles, quoique la périodicité de l'apparition de ces organes pendant le développement primitif rende peut-être leur réapparition dans l'embryon impossible à distinguer, à cause de l'extrême rapidité avec laquelle doivent se succéder les intervalles qui répondent aux étés et aux hivers.

« Si l'on vient à isoler un blastoderme de la seconde moitié du troisième jour ou du quatrième, et son embryon avec lui, dit Kölliker, et si on l'examine par la face ventrale, on n'apercevra plus aucune partie de l'embryon, à l'exception de la gouttière intestinale plus ou moins close ; quant à la tête, aux parties latérales et à l'extrémité caudale, elles paraissent couvertes d'une membrane vasculaire qui se détache de toute l'étendue de la gouttière intestinale et qui a reçu, suivant ses régions, les noms de *velum cephaliques*, *velum caudal*, *velum latéraux*.

Porte-t-on l'examen sur le côté dorsal on verra alors que ce *velum* général entoure l'embryon jusqu'à la hauteur du dos, mais en laissant libre pourtant la partie médiane de cette région dorsale, sur laquelle il n'est pas dificile de reconnaître sous le microscope, sur un plan superficiel, la membrane séreuse.

Etudie-t-on enfin les vaisseaux de ce *velum* général, on reconnaîtra qu'ils ne sont autres que les troncs artériels et veineux de l'aire vasculaire et leurs ramifications avec eux, lesquels entourent circulairement l'embryon au second jour et se trouvent avec lui sur un même plan. Ces ramifications insérées

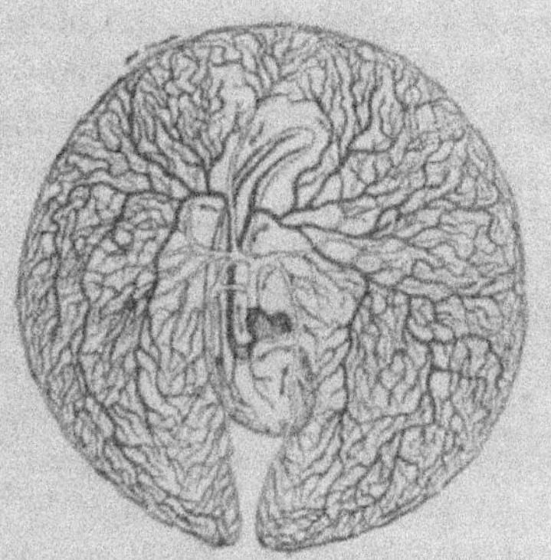

Fig. 5. (1)
Une des phases de l'aire vasculaire.

(1) Je pourrais mettre en regard de cette figure des dessins de plantes dicotylédones, mais elles sont sous nos yeux dans la nature ; à quoi bon les dessins, nous les connaissons tous.

Je ferai seulement remarquer que, plantées sur le sol, nous n'en voyons que la moitié supérieure, tandis que la moitié souterraine est cachée dans le sol.

sur le dos de l'embryon ne s'élèvent qu'à une certaine hauteur, enfin vers le 5me jour (chez le poulet) les *velums* disparaissent, s'effacent ».

L'embryon ainsi décrit par Kolliker est celui qui est représenté dans la figure 5. Mais cet état passager qui n'est encore que celui d'un arbuste (déraciné, bien entendu) est bientôt remplacé par d'autres dispositions représentant plus exactement la ramification habituelle de nos arbres actuels.

M. Cadiat a publié, dans son cours autographié d'anatomie générale, une figure tout-à-fait probante à cet égard. Mais toutes ces formes de passage disparaissent — rapidement dans l'embryon, lentement dans nos arbres.

Les branches qui persistent n'apparaissent qu'après un certain nombre d'années que l'on peut compter par le nombre de protovertèbres qui séparent le point de départ de la croissance (collet organique ou cœur) et le point où prennent insertion les membres. Jusque-là on peut considérer l'individu comme formé d'une tige non ramifiée.

Le cœur se place à peu près entre la cinquième et la sixième vertèbre dorsale dans le genre humain.

Dans la tige aérienne les membres prennent insertion après les vertèbres lombaires, donc il faut compter sept vertèbres dorsales et cinq vertèbres lombaires, soit douze années de croissance, avant l'apparition des membres primaires qui persisteront.

Dans la tige souterraine, entre le cœur et le point d'insertion de l'humérus, on ne peut compter que cinq zônes annuelles, représentées par les cinq premières vertèbres dorsales — donc, les branches souterraines se fixent plus tôt que les branches aériennes, les bras sont antérieurs aux jambes.

Mais avant l'apparition des branches définitives il s'est produit sur la tige descendante une puissante ramification souterraine qui mérite un examen tout particulier, que je signale aux botanistes, à cause de l'importance que, dans l'embryologie, on donne aux arcs branchiaux. La tige descendante, lorsqu'elle apparaît à l'état de radicule et pendant ses premiers temps de végétation, produit un grand nombre de ramifications dont quelques-unes persisteront en se modifiant dans leur disposition générale, c'est-à-dire dans leur morphologie. Les bourgeons qui donnent naissance à ces rameaux souterrains réapparaissent dans la vie embryonnaire en formant les arcs branchiaux. Ces bourgeons n'arrivent pas, dans le fœtus, à un complet développement. La rapidité de l'évolution embryonnaire les modifie avant qu'ils aient pu s'étendre comme ils le font dans la vie végétale. « L'appareil branchial, dit M. Coste, naît, se développe et s'efface sans jamais dépasser la forme rudimentaire. »

On sait le rôle bizarre que, dans leurs fantaisies, les transformistes ont voulu faire jouer à ce système de racines.

Pour comprendre la raison qui, à un moment donné de la croissance de l'arbre fait dévier le protoplasma de sa direction primitive, il faut remonter aux causes primordiales qui régissent l'univers.

On sait qu'il existe des corps magnétiques attirables à l'aimant et aux radiations solaires et des corps diamagnétiques qui sont repoussés par les pôles d'un aimant et par les radiations solaires.

L'oxygène, en vertu de la grande puissance magnétique qu'il possède, se comporte, dans les végétaux, comme se comporte l'aiguille aimantée dans ses rapports avec les forces électro-dynamiques de l'atmosphère. Les radiations solaires, qui déterminent la direction que prend le fer magnétique, déterminent la direction que prennent les ramifications végétales. « Sans oxygène, dit M. Van Tieghem, point d'action fléchissante exercée sur le corps par une radiation latérale, même avec les plantes les plus sensibles placées à l'optimum d'intensité et de température ».

Depuis le lever du soleil jusque vers une heure, pendant que la terre, qui tourne de l'ouest à l'est, semble se diriger vers le soleil, les radiations de l'astre générateur qui nous éclaire lui arrivent de l'est à l'ouest. Au milieu de la journée il se fait un temps d'arrêt après lequel les radiations semblent revenir en arrière ; elles arrivent alors à la terre en sens opposé, c'est-à-dire de l'ouest à l'est. Ce mouvement de va et vient, ce balancement de la terre sous le soleil est la cause d'une multitude de phénomènes morphologiques que l'histoire naturelle enregistre. Nous aurons occasion plus d'une fois d'invoquer cette cause lorsque nous rencontrerons sur notre route les effets qu'elle engendre.

Le plus connu est le déplacement de l'aiguille aimantée qui suit toujours la direction des radiations solaires qui semblent l'attirer, et qui, en réalité, l'attirent. L'aiguille après s'être inclinée vers l'est depuis le matin jusque vers une heure subit un temps d'arrêt après lequel elle revient sur ses pas jusque vers dix heures du soir, moment où les radiations même les plus obliques n'arrivent plus jusqu'à elle. Elle tombe alors au repos.

Si je m'étends ici sur des détails que tous le monde connaît, c'est pour démontrer que ce mouvement de va et vient de l'aimant n'est pas un phénomène isolé dans la nature, et que tous les corps magnétiques sont plus ou moins influencés par le déplacement de la terre dans l'espace; c'est pour démontrer surtout que tous les phénomènes de la vie végétale que l'on attribue à l'*héliotropisme* sont des phénomènes magnétiques.

En effet, la plupart des végétaux suivent le mouvement diurne des radiations solaires, souvent aussi régulièrement que le fer magnétique. Cependant il y a entre eux des différences de degrés déterminées par la composition chimique de leurs tissus.

Nous pouvons observer dans tous les mouvements de croissance des plantes les effets du balancement apparent de la terre sous le soleil, balancement dont chaque oscillation dure sept ou huit heures.

On appelle *courbures héliotropiques* les flexions provoquées par ce balancement.

« Si la plante est libre et mobile, dit M. Van Tieghem, l'influence de la radiation se traduit d'abord par une orientation déterminée de son corps par rapport à la direction du rayon incident, et, ensuite, un déplacement du corps soit vers la source, soit en sens contraire. »

Cette aptitude de l'oxygène, et, en général, de la substance protéique qui forme le protoplasma vivant des cellules végétales, à suivre dans l'espace les radiations solaires, doit être d'autant plus facile à observer que l'être possède une organisation plus simple.

C'est chez les masses amiboïdes, dépourvues de membrane cellulaire, que l'on remarque surtout ce déplacement moléculaire, qui cesse lorsque la membrane se forme, celle-ci étant diamagnétique.

Dans le corps de la plante c'est à l'extrémité libre des trachées-déroulables que se forme le protoplasma vivant qui engendre de nouvelles cellules : le méristème ; c'est donc à toutes les extrémités libres des trachées que la plante s'accroît, que les bourgeons se forment ; et ces bourgeons se disposent sur les tiges dans des directions qui répondent à l'attraction héliotropique exercée sur l'oxygène libre qui circule dans les trachées, et se trouve mis en liberté à toutes leurs extrémités terminales.

Il résulte de ceci que c'est avant la formation de la membrane cellulaire que le protoplasma qui se forme s'étire dans différentes directions. C'est donc pendant la première jeunesse de la cellule, puisque, plus tard, la rigidité de la membrane et la propriété diamagnétique qu'elle acquiert empêchent l'action attractive d'agir.

La cellule n'est vivante — le protoplasma n'est actif — que tant que les courants protoplasmiques circulent. Quand les courants s'arrêtent la cellule est morte. Car la vie c'est le mouvement, c'est l'activité de la matière.

Une plante n'est, en résumé, qu'un échafaudage de cellules mortes, et il n'y a de réellement vivant en elle que les extrémités où les tissus, toujours jeunes, se renouvellent incessamment.

Le protoplasma vivant est donc l'agent de la direction que prennent les membres de la plante. (1)

---

(1) *Action de la radiation unilatérale sur la distribution du protoplasma dans les cellules développées des corps fixes.* Les faits qui précèdent, dit M. Van Tieghem, nous portent à rechercher si, dans les corps immobiles, une radiation unilatérale ne déterminerait pas aussi à l'intérieur des cellules, après qu'elles ont fini de croître, des directions et des déplacements du protoplasma ; en d'autres termes, si les corps protoplasmiques enfermés dans une membrane rigide ne sont pas aussi à quelque degré phototactiques.

De pareils déplacements ont lieu, en effet, et il faut en citer ici quelques exemples.

Si la terre était placée verticalement sous le soleil et que l'un et l'autre de ces deux corps célestes fussent stables, les deux actions inverses qui poussent la sève de bas en haut et de haut en bas feraient croître la tige indéfiniment ; il n'en existerait qu'une unique et verticale, qui ne se ramifierait pas puisque le protoplasma ne se dévierait pas. Mais l'action solaire qui change incessamment de direction dérange cette croissance

---

M. Van Tieghem cite d'abord une algue verte de la famille des conjuguées, puis les *vauchéria*, puis les feuilles des mousses (funaria, minium, etc). ; enfin il ajoute : « Il en est de même des corps massifs, composés de plusieurs épaisseurs de cellules, quand la radiation les frappe perpendiculairement à leur surface. Si l'on fait agir la radiation obliquement, les bandes vertes se déplacent de manière à garder toujours leur même position de face par rapport au rayon incident. Enfin, si l'on dirige la radiation latéralement, les grains de chlorophylle viennent se placer sur les faces latérales des cellules, en abandonnant tout-à-fait les faces supérieures et inférieures. Il résulte de là que, pendant le jour, la radiation solaire frappant presque perpendiculairement les feuilles, les grains de chlorophylle se rassemblent sur les faces supérieures et inférieures des cellules (position diurne). Vers le soir, la radiation devenant oblique, puis horizontale, ils se placent de plus en plus sur les faces latérales, et ils y restent pendant la nuit (position nocturne) pour revenir peu à peu le lendemain matin à leur situation première. Ce qu'on a appelé la position diurne et la position nocturne des grains de chlorophylle dans les conditions normales de végétation, ne sont donc pas autre chose que des cas particuliers de la règle générale.

Il est certain d'ailleurs que dans tous ces exemples et dans les autres cas semblables, les grains de chlorophylle sont passivement entraînés par le protoplasma de la cellule, et que leur accumulation sur les deux faces qui reçoivent le plus directement la radiation incidente, ne fait que trahir à l'œil la position correspondante prise par le protoplasma lui-même sous l'influence de la radiation. VAN TIEGHEM. *Traité de Botanique*, p. 133.

verticale. Cependant l'héliotropisme n'exerce pas sur la plante une action mécanique qui la comprime, comme le fait la pesanteur, elle exerce, au contraire, sur elle une action magnétique qui l'attire dans différentes directions et, ainsi, brise la ligne droite idéale que représenterait la croissance indéfinie de la tige.

L'angle que font, avec la tige-mère, les rameaux secondaires, dans les plantes très sensibles à la radiation solaire, c'est-à-dire douées *d'héliotropisme positif* est en rapport avec le degré d'inclinaison de l'aiguille aimantée. Il diffère dans chaque espèce suivant le lieu natal, c'est-à-dire la position primitivement occupée par l'arbre-ancêtre qui a fondé une famille, lorsqu'il accomplissait son développement spontané.

Je dis suivant le lieu natal parce que la forme une fois acquise se transmet aux descendants, se perpétue dans l'espèce, quelque soit l'endroit occupé postérieurement par les descendants.

Lorsque les plantes sont très-jeunes et très-flexibles les oscillations diurnes leur font subir, dans tout leur axe, des mouvements de va et vient qui les font s'enrouler en forme de tire-bouchon ; celles qui s'enroulent de gauche à droite et de bas en haut sont *dextrorsum*, celles qui s'enroulent de droite à gauche et de haut en bas sont *sinistrorsum*.

Dans un cas il y a attraction, dans l'autre il y a répulsion ; les unes sont magnétiques, les autres sont diamagnétiques. Ou si l'on veut se servir d'autres termes les unes sont positivement héliotropiques, les autres le sont négativement (1).

M. Darvin qui méconnaît absolument les forces naturelles qui agissent sur la terre et rattache tous les phénomènes aux causes mesquines que ses idées étroites lui suggèrent et qu'il résume dans les mots *sélection naturelle*, s'étonne de ces faits si simples que sa théorie n'explique pas. Il dit en parlant des plantes grimpantes :

« L'aptitude à s'enrouler dépend d'abord de la « flexibilité excessive des jeunes tiges, (voilà une « naïveté) elle dépend ensuite de ce que ces tiges

---

(1) « Considérons une tige de moyenne sensibilité placée dans les conditions naturelles, isolée et frappée directement de tous côtés par la lumière du jour, un grand soleil, par exemple, ou un topinambour vers la fin de juillet, et voyons comment elle se comporte. Dressée verticalement pendant la nuit, l'extrémité de la tige s'incline vers l'orient aussitôt après le lever du soleil. Elle suit le soleil jusque vers dix heures ou dix heures et demie du soir ; elle reprend alors son mouvement, se dirige vers l'occident et suit de nouveau le soleil jusqu'à son coucher, puis se redresse et demeure ainsi toute la nuit.

Ainsi, entre dix heures du matin et quatre heures du soir, tout héliotropisme et, en même temps, tout géotropisme, est suspendu, sans doute parce que toute croissance est arrêtée. Et toute croissance est arrêtée parce que l'intensité lumineuse est trop grande.

L'héliotropisme positif est donc une propriété très-généralement répandue dans la tige, mais qui s'y manifeste à des degrés très-différents. Seules parmi les plantes étudiées jusqu'ici, la tige des molènes et celle de la cuscute refusent de s'infléchir vers la source, même dans une lumière unilatérale de faible intensité.

La tige des molènes est, comme on sait, revêtue d'un feutrage épais de poils qui la protège sans doute contre l'influence de la radiation. » Van Tieghem, *Traité de Botanique*, p. 299.

« se tordent constamment pour se diriger dans « toutes les directions successivement l'une après « l'autre, dans le même ordre. Ce mouvement a « pour résultat l'inclinaison des tiges de tous les « côtés, et détermine chez elles une rotation « suivie. Dès que la portion inférieure de la tige « rencontre un obstacle qui l'arrête, la partie « supérieure continue à se tordre et à tourner « autour du support. Cette aptitude à la rotation « et la faculté de grimper qui en est la consé- « quence, se rencontrent isolément chez des « espèces et chez des genres distincts qui appar- « tiennent à des familles de plantes fort éloignées « les unes des autres, *elle a dû être acquise d'une « manière indépendante et non pas par hérédité « d'un ancêtre commun.* » (1) Voilà donc M. Darwin obligé de reconnaître ici l'action d'une force physique agissant par elle-même, directement et sans l'intervention de la cause idéale et ndividuelle qu'il aime tant à invoquer. Claude Bernard disait : « L'anatomie ne présente que les rapports des fonctions avec les organes, et les phénomènes physico-chimiques ne peuvent se comprendre que par l'étude des conditions extérieures à l'organisme, c'est-à-dire du milieu, mais non pas par la seule connaissance des organes. » (2)

---

(1) Darwin, *Origine des espèces*. Traduction Barbier, p. 265.

(2) Cl. Bernard. *Leçons sur les propriétés des tissus vivants*, p. 113.

En résumé cette faculté qu'ont les tiges de tracer dans l'espace des ellipses ou des cercles et que l'on a appelée circunnutation de la tige, dépend des différentes attractions exercées par les radiations.

Les tiges suivent les radiations, et comme celles-ci proviennent des astres, on peut dire que les tiges suivent la marche des astres dans l'espace.

Combien est pleine de grandeur cette idée qui relie ainsi le monde organique qui vit à la surface terrestre aux forces incommensurables qui entraînent les astres et les guident ! Combien est grande cette cause qui rattache les phénomènes morphologiques qui s'accomplissent à la surface de notre petit monde aux formidables déplacements qui s'opèrent incessamment entre les corps célestes !

Le va et vient quotidien qui cause d'abord l'enroulement des tiges flexibles cause, plus tard, la déviation du protoplasma lorsque les tiges ont acquis une trop grande consistance pour suivre le mouvement diurne. Cette cause est aussi celle qui détermine dans les membres primaires et secondaires des articulations.

Si les tiges latérales une fois qu'elles sont formées par la première déviation du protoplasma continuaient à subir toujours la même attraction dans le même sens, elles s'allongeraient indéfiniment dans une direction oblique, mais le mouvement de la terre, qui est incessant, change continuellement leur position sous les radiations solaires. Pendant qu'elles sont sollicitées le matin à suivre une direction, elles sont sollicitées l'après-midi à suivre une direction contraire. Il en résulte que la tige alternativement poussée dans un sens puis dans l'autre, continue à croître obliquement pendant sept heures du jour et revient vers sa direction première pendant sept autres heures du jour.

Le premier effet de ce double mouvement entraînant le protoplasma tantôt à droite tantôt à gauche, est de déterminer dans les tiges une articulation, en lui donnant, en même temps, la forme que l'on appelle *genouillée* ou *coudée*.

On peut encore observer, dans le développement embryonnaire les effets produits par cette cause. « Lorsque l'on suit la formation des synoviales articulaires, dit M. Cadiat, on voit d'abord une segmentation se produire dans le cylindre cartilagineux primitif du moignon des membres. Sur la ligne qui représentera plus tard l'interligne articulaire les chondroplastes sont plus petits et plus serrés. Bientôt une bande claire apparaît au milieu de la masse opaque formée par ces cellulles cartilagineuses réunies. Au fond de la dépression correspondant à cet espace transparent, on aperçoit des cellules cartilagineuses moins colorées et qui semblent en voie d'atrophie, une scissure se produit alors au millieu des cellules; c'est la première trace de la cavité articulaire. La division s'étend ensuite en dehors du cartilage dans les éléments périphériques, et ainsi la synoviale se constitue peu à peu ». (1).

Le second effet du mouvement diurne est de diviser la branche en deux rameaux, souvent très-peu divergents, ou seulement de diviser la masse cellulaire suivant deux axes dans l'intérieur du rameau. Cette division des éléments anatomiques est ce que l'on appelle en botanique *fasciation*, *partition* ou *dédoublement*. Elle entraine un chan-

(1) « Aucune articulation n'est au début ce qu'elle sera plus tard, dit Kölliker, toutes les parties du squelette étant à l'origine reliées par syndesmose, si l'on peut toutefois ainsi caractériser l'état dans lequel un amas de cellules non encore différenciées représente le moyen d'union entre les parties. Nous avons d'ailleurs déjà vu que ces amas de cellules sont constitués en même temps et de la même façon que le premier rudiment du squelette des extrémités, et que leurs éléments ne diffèrent pas à l'origine de ceux qui fourniront le cartilage. Mais dès que les parties dures commencent à devenir apparentes, les parties interposées revêtent aussi un caractère déterminé par un procédé semblable à celui de la différenciation de l'axe du rachis membraneux en vertèbres cartilagineuses et ligaments intervertébraux. Chaque rudiment d'articulation présente au début la même épaisseur dans toute son étendue ; ces rudiments débordent aussi tout autour des têtes des cartilages qu'ils séparent dans certaines régions comme, par exemple, pour les doigts et les orteils, de façon qu'ils ressemblent alors à de *larges disques intermédiaires*. Peu à peu, cependant, les rudiments des articulations se modifient ; ils s'épaississent aux bords, s'amincissent au centre, et cette transformation progressant, ils arrivent à ressembler à de forts bourrelets placés autour des extrémités des os, jusqu'ici étroitement pressés l'un contre l'autre. En même temps, les parties périphériques de l'articulation se transforment toujours davantage en tissu fibreux ; puis vient un stade dans lequel la cavité articulaire se dessine à son tour sous la forme d'une fente étroite. Cette cavité est le résultat d'un mécanisme assez compliqué. Mais il est bien certain que, dans la production elle-même de cette solution de continuité, des actions mécaniques, placées sous la dépendance des parties molles adjacentes, jouent un rôle important. » KÖLLIKER. *Embryologie*, p. 506.

gement de forme dans la tige qui cesse d'être cylindrique et s'aplatit.

Fig. 6.
Rameau fascié à deux axes.

Telle est l'origine de l'articulation du genou et du coude, en même temps que du dédoublement de l'os axillaire à cet endroit.

Dans la tige aérienne le fémur se divise pour former le tibia et le péroné, dans la tige souterraine l'humérus se divise pour former le radius et le cubitus. (L'humérus s'ossifie dans la huitième ou neuvième semaine pour la diaphyse, l'ossification des os de l'avant-bras commence par les deux diaphyses au troisième mois de la vie fœtale). » (Kölliker).

La forme arrondie du bras et de la cuisse correspond au rameau cylindrique à un axe, tandis que la forme aplatie de l'avant-bras et de la jambe provient du rameau fascié à deux axes.

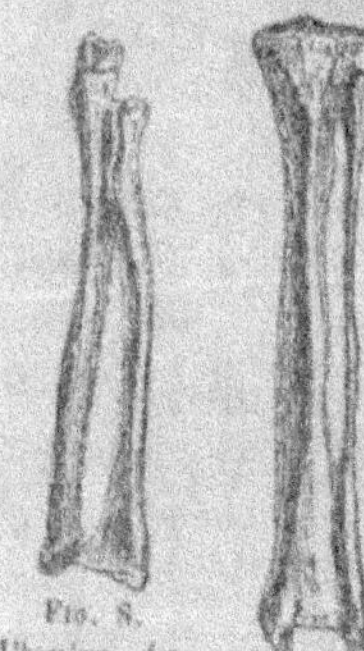

FIG. 8. L'humérus formant en se divisant le radius et le cubitus

FIG. 9 Le fémur formant le tibia et le péroné.

Les cartilages qui encroûtent les surfaces articulaires ont la même origine que les disques intervertébraux. Ce sont des lames de tissu élastique formées pendant la période de ralentissement de la végétation (1).

Les os de la jambe, le fémur et le tibia sont les plus longs et les plus volumineux du squelette, comme les branches primaires sont les plus volumineuses de l'arbre.

Rapprochons maintenant ce développement primitif des membres du développement embryonnaire. « Lorsque les membres se développent, dit M. Cadiat, les noyaux de cartilage s'y forment d'une façon complètement indépendante des pièces vertébrales, ces noyaux s'étendent en longueur à mesure

(1) « Les os longs sont précédés d'un cartilage au milieu duquel apparaît un point osseux qui marque la place du trou nourricier de l'os. Le point s'étend bientôt horizontalement et forme un disque qui sépare en deux segments le cartilage primitif. En s'épaississant de plus en plus, ce disque arrive bientôt à constituer un cylindre osseux qui s'étend vers les deux extré-

que le nombre s'accroit et quand ils ont atteint une certaine dimension *ils se segmentent là où se formeront les interlignes articulaires.* Le nombre des pièces cartilagineuses primitives n'est donc pas en rapport avec celui des pièces osseuses. C'est là un fait très important dans la recherche des parties analogues. On peut dire qu'il n'existe pas de rapport tant au point de vue morphologique qu'au point de vue de la composition intime des tissus, entre le squelette primordial et le squelette primitif. Nous voyons ici qu'une pièce cartilagineuse primitive peut donner naissance à plusieurs os. »

Pendant que le méristème se dévie par le procédé que nous venons d'expliquer pour former les branches primaires, la tige médiane continue à croitre sous l'impulsion des forces verticales qui agissent sur l'arbre. Mais l'attraction que les radiations solaires exercent sur l'oxygène des trachées ne semble pas s'exercer au milieu de la journée, puisque, pendant que cette attraction allonge les membres primaires, nous voyons, au contraire, que la tige médiane est constamment retardée dans sa croissance. Fait que j'explique ainsi : lorsque la radiation solaire est verticale son action attractive se trouve annulée, ou au moins ralentie,

---

mités de l'os, et bientôt il n'y a plus que les extrémités renflées qui soient encore à l'état cartilagineux. Alors apparaît à une époque très-avancée du développement, car ce phénomène ne s'accomplit qu'après la naissance, un point d'ossification dans le cartilage épiphysaire. C'est de la première à la huitième année que se forment presque toutes les épiphyses des os longs. » CADIAT. *Traité d'anatomie générale*, p. 363.

par l'action de la pesanteur qui, alors, agit dans la même direction, mais exerce une action inverse. Il y a conflit entre ces deux forces, si bien que l'attraction, et, par conséquent, la croissance, est toujours moins active dans la direction verticale que dans les directions latérales.

Il résulte de ceci que la tige médiane perd continuellement en vigueur ce que les membres primaires accaparent à leur profit. C'est pour cela que les forestiers les appellent *branches gourmandes*. Il arrive même souvent que la tige verticale s'épuise tout-à-fait après la bifurcation des branches.

La tige médiane qui ne se bifurque pas ne s'articule pas non plus. Les mouvements qu'exécutent les vertèbres cervicales, dorsales et lombaires ne sont pas de véritables articulations, et, dans tous les cas, ce sont des mouvements bien moins accentués que ceux des membres.

Si faibles qu'ils soient, cependant, ces mouvements répondent aussi à une cause mécanique naturelle. Ils commencent dans la plante par ce qu'on appelle la *nutation révolutive*.

Voici l'explication donnée par M. Van Tieghem de l'origine de ce mouvement dans la tige : « C'est ainsi, dit-il, que la plupart des corps multilatéraux, la plupart des tiges dressées, par exemple, impriment à leur sommet un mouvement circulaire ou elliptique, parce que la ligne du plus fort allongement s'y déplace progressivement tout autour de l'axe de croissance. A un moment donné, je suppose, c'est le côté nord qui s'accroît le plus vite, puis le côté ouest, puis le côté sud, puis le côté est; après quoi la supériorité passe de nouveau au côté nord pour suivre la même évolution. La nutation est dite *tournante* ou *révolutive*. En raison de l'allongement continuel du corps, son sommet va s'élevant constamment pendant la nutation et, par conséquent, ne décrit pas son mouvement révolutif dans un plan, mais bien suivant une hélice ascendante ».

Ainsi donc toutes les articulations n'obéissent pas à un mouvement latéral produit de l'est à l'ouest, puisqu'il en est qui exécutent un mouvement circulatoire. Mais toutes répondent au déplacement de la terre sous le soleil, ou aux autres mouvements de la planète dans l'espace.

Cette relation entre le mouvement et la forme, entre la morphologie et la force constitue l'anatomie philosophique.

La structure des arbres, et par conséquent le squelette animal qui en dérive, est le résultat de l'impulsion donnée par la force à la matière, alors que la plante n'était encore formée que de substances plastiques qui se prêtaient à réaliser différentes formes organiques — qui variaient suivant le point de la terre occupé par la plante pendant son développement primitif.

La direction que les forces donnent au protoplasma est tellement puissante que la forme, une fois acquise, reste immuable. Elle se perpétue dans l'espèce et se reproduit toujours sans aucune altération.

L'hérédité perpétue mais ne transforme pas.

Lorsque les plantes ne poussent pas dans une direction normale, c'est-à-dire perpendiculaire à la terre, elles prennent une structure irrégulière.

Je me suis servi du mouvement de l'aiguille aimantée pour expliquer l'origine des ramifications et des articulations. Il est un autre effet que l'on peut expliquer au moyen de la même comparaison. C'est la différence de stature des hommes, des animaux, et des arbres d'une même espèce, et le degré d'horizontalité que prennent leurs membres primaires à l'état végétal.

A l'équateur magnétique l'aiguille se place sur la terre horizontalement, ce qui indique que les deux forces qu'on appelle *couple directeur* et qui agissent en sens inverse s'équilibrent en cet endroit. Mais en se rapprochant des pôles l'aiguille s'abaisse d'un côté sous l'horizon et se relève de l'autre. En continuant ainsi elle se trouve, en arrivant aux pôles, dans une position perpendiculaire à la terre.

Les forces magnétiques qui agissent sur l'aimant sont celles qui agissent sur la végétation. Les arbres situés à l'équateur magnétiques subissent, comme l'aiguille, des impulsions verticales — attraction ou répulsion. — Ils poussent suivant une ligne perpendiculaire à la surface terrestre, sans se ramifier, s'ils sont fortement géotropiques, ou bien toute leur cime qui s'aplatit les recouvre comme un bouclier s'ils sont fortement héliotropiques.

Nous examinerons plus loin ces deux formes végétales qui ont donné naissance à des animaux privés de membres (les reptiles) ou aplatis sous une épaisse carapace (les chéloniens).

Les tiges verticales, non-ramifiées, sont aujourd'hui le caractère distinctif de la végétation monocotylédone, qui ne se produit plus spontanément qu'entre les tropiques, mais c'est un caractère que l'on peut appeler embryonnaire, puisqu'il indique une forme de passage que dépassent toujours les individus doués d'un organisme plus complet.

Si, en descendant vers les pôles, on trouve que l'aiguille fait un angle avec l'horizon — et qu'en même temps les arbres se ramifient — c'est parce que les radiations solaires font un angle avec la terre.

Puisque, entre des forces verticales, la tige croît verticalement, entre des forces dont les unes sont toujours verticales (le géotropisme et la pesanteur) et l'autre plus ou moins oblique (l'héliotropisme) l'arbre doit croître en même temps verticalement et obliquement.

Si la force solaire n'agissait que d'un côté l'arbre représenterait une ligne brisée, ou la ligne courbe que les botanistes appellent *sympode*, et qui est formée de ramifications successives bifurquées dans un même sens, et formées aux dépens de la tige primaire épuisée dès la première bifurcation. Il y a symétrie et l'arbre se ramifie des deux côtés parce que le mouvement de rotation de la terre le place alternativement à droite et à gauche du soleil.

Mais le point d'insertion du membre sur l'axe du tronc produit un angle qui, dans chaque espèce, a une valeur déterminée (1). Nous avons dit qu'à l'équateur les tiges verticales non ramifiées dominent ; en descendant vers les pôles nous trouvons, dans les latitudes les plus rapprochées de l'équateur, quelques monocotylédones qui commencent à se ramifier, mais l'écart que fait la branche secondaire est tellement petit qu'elle semble collée à la tige-mère, comme chez les Thallophytes que M. Van Tieghem donne comme exemple de ce fait ; en même temps nous trouvons des dicotylédones qui prennent la forme étroite et élancée qu'on appelle *fastigiée* ; le peuplier d'Italie en est un exemple.

En continuant à descendre l'écart augmente. Il y a une vingtaine d'années l'angle, dont la valeur varie continuellement du reste, était :

---

(1) « L'inclinaison du membre sur l'axe de croissance du tronc, dit M. Van Tieghem, offre une certaine constance dans chaque cas particulier. Elle peut être de 90°, et les membres sont insérés à angle droit sur le tronc, horizontalement dirigés si le tronc est vertical. Ordinairement elle est plus petite, et les membres relevés font, avec le prolongement du tronc, un angle plus ou moins aigu. Parfois elle est plus grande, et les membres pendants font, avec le prolongement du tronc, un angle plus ou moins obtus. Enfin, elle peut être nulle, et les membres s'appliquent en montant contre le prolongement du tronc qui les porte. La ramification forme alors un ensemble compact en forme de lame ou de massif, comme on voit chez certains thallophytes. » VAN TIEGHEM, *Traité de Botanique*, p. 54.

à Smyrne de 53,46
à Alger de 57, 8
à Malaga de 57, 8
à Naples de 58,13
à Paris de 66,
à Stockholm de 71,22

Enfin, au 70me degré de latitude il doit être au moins de 80. Les branches des sapins qui poussent dans ces régions s'inclinent vers le sol au lieu de remonter vers le sommet de la tige. (1).

Là s'arrête à peu près la végétation ; nous ne pouvons donc pas parler de la forme des arbres dans les vingt derniers degrés de latitude polaire. Mais il nous est permis de supposer, en continuant la comparaison, que, de même que l'aiguille se place à un point voisin du pôle dans une position perpendiculaire à la terre, les branches primaires se placeraient dans une position analogue, c'est-à-dire viendraient rejoindre la partie inférieure du tronc et s'y appuyer, comme dans les régions tropicales nous voyons l'inverse se pro-

(1) Il faut considérer aussi que les branches horizontales ou obliques ne conservent pas pendant tout le cours de la vie végétale leur situation primitive. La pression qui s'exerce sur la tige médiane, de haut en bas, s'exerce aussi sur elles, dans toute ou partie de leur longueur, suivant la situation qu'elles occupent; si bien qu'elles doivent tendre continuellement à s'abaisser, et que dans les vieux arbres il doit être impossible de retrouver l'angle primitif que faisaient les branches primaires avec la tige médiane, à moins de le mesurer dans les pousses de l'année. C'est pour cette raison que, lorsqu'on examine un arbre, on trouve des angles différents entre les rameaux anciens et les rameaux nouveaux. L'angle n'a de valeur qu'au sortir du bourgeon.

duire, c'est-à-dire les branches rejoindre la partie supérieure du tronc. Mais ceci ne pourrait avoir lieu que s'il existait des arbres entre le 80e et le 90e degré ; or, il ne peut exister d'arbres dans ces latitudes ; le géotropisme qui produit le mouvement ascensionnel de la tige médiane est une force dont l'intensité diminue de l'équateur aux pôles ; après le 75e degré elle devient trop faible pour élever une tige. Les plantes qui peuvent encore croître dans ces froides régions ne sont donc plus formées que de ramifications qui s'étendent sur le sol.

Cette décroissance de la force terrestre à laquelle est dû le peu d'élévation de la tige médiane des arbres est l'origine de la petite taille des hommes formés dans les régions polaires, car la taille des hommes est, dans toutes les latitudes, en rapport constant avec la hauteur des arbres qui ont été leur premier état végétatif.

L'inclinaison plus ou moins grande des branches sur la tige-mère est l'origine de l'inclinaison plus ou moins prononcée des membres primaires chez les animaux. Tandis que les arbres dont les branches faisaient avec la tige-mère un angle aigu sont devenus des animaux dont les membres inférieurs sont longs et presque droits, comme chez les primates, ceux dont l'angle était droit ont des membres qui, dès leur formation végétale, ont acquis une horizontalité (dans la station végétale) qu'ils conserveront toujours. En descendant vers les pôles l'angle devient obtus, les membres primaires se replient vers la tête, ce qui engendre des animaux plantigrades.

Pour bien comprendre la forme d'un arbre dicotylédone, et la cause qui détermine cette forme, figurez-vous une aiguille aimantée qui, au lieu d'être composée de molécules de fer, solides et indivisibles, soit composée d'un plasma organique amiboïde et possédant la faculté de se multiplier. Conservez à cette aiguille les propriétés magnétiques de l'aimant et supposez qu'elle exécute le même mouvement diurne. Vous la verrez le matin, attirée vers l'est, s'en aller au devant des rayons solaires, mais n'oubliez pas que ses cellules sont élastiques et divisibles. Pendant ce déplacement elles vont se multiplier et se placer dans la direction où s'opère l'attraction, en formant ainsi un rameau dans ce sens, lequel, tous les jours, à la même heure, s'allongera. Suivez le déplacement qui obéit à la marche apparente du soleil, à midi vous allez la voir dans une position à peu près verticale, mais comme cette situation dure peu de temps et que, du reste, l'attraction de la radiation verticale est contrariée par l'action de la pesanteur, la tige médiane de cet aimant organique ne se développera pas autant que celles qui obéissent aux attractions latérales. Après midi votre aiguille change de direction et s'en va vers l'ouest. Les cellules qui se multiplient en se plaçant dans cette direction arrivent à former une branche qui est symétrique à celle du matin. Mais entre ces trois positions il se trouve une infinité de positions intermédiaires, pendant lesquelles la multiplication des cellules, dans toutes sortes de directions, engendre une infinité de petites ramifications dont le terme minimum est la naissance d'une feuille. On peut même aller au-delà, c'est-à-dire jusqu'à la nervation des feuilles, dont la disposition continue à obéir à cette loi d'attraction ; chaque feuille a un squelette formé de fibres disposées suivant un ordre symétrique qui forme le dessin réduit de la plante qui l'a produite. Enfin nous avons vu que le protoplasma des cellules lui-même s'étend de diverses manières qui indiquent le tiraillement dans différentes directions. (1)

Pendant que l'un des pôles de votre aiguille obéit à ce mouvement d'attraction le pôle contraire obéit à un mouvement de répulsion. Il se place toujours dans une position inverse de celle du premier. Ainsi, quand un pôle va à droite l'autre va à gauche, et *vice versa*. La racine se ramifie donc inversement de la tige, mais comme il y aura aussi

---

(1) Cependant il ne faut pas faire de ceci une loi unique. C'est un type de loi, c'est un principe, mais qui a différentes manières de se manifester. On peut compter cinq ou six systèmes de déviation (autant probablement que de systèmes de cristallisation). Tous répondent à des attractions ou à des répulsions exercées sur le protoplasma par les courants réguliers de l'atmosphère provenant de la direction et de la nature chimique des radiations solaires ou stellaires.

Je ne veux pas m'étendre sur ce sujet, bien intéressant cependant, mais trop long pour être développé ici. J'indique seulement une cause sans entrer dans le détail des effets produits.

symétrie le résultat obtenu sera le même ; les ramifications de l'une auront obéi à une action attractive, celles de l'autres à une action répulsive; les unes se seront élevées vers le soleil, les autres s'en seront éloignées. Pour exprimer cette action inverse on dit que les tiges sont négativement géotropiques et positivement héliotropiques, tandis que les racines sont positivement géotropiques et négativement héliotropiques.

Les membres antérieurs et postérieurs obéissant aux forces opposées exécutent journellement des flexions contraires répondant à la marche du soleil. Ces mouvements auront dans l'avenir de l'individu une influence capitale sur le mode d'articulation et de flexion du membre.

La façon dont les quadrupèdes marchent (bien étudiée dans le cheval), prouve cette formation *croisée*. Lorsqu'ils lèvent la patte droite antérieure le mouvement se propage, pour ainsi dire, à la patte gauche postérieure, si bien qu'ils marchent en dessinant sur le sol un dessin idéal représentant des zigzags.

Ce fait est moins apparent chez l'homme, cependant il existe aussi chez lui ; nous en avons la preuve dans le mouvement des bras qui accompagne toujours le mouvement des jambes dans la course, ce qui rend la fuite impossible lorsque les mains sont attachées.

Il est extrêmement curieux de voir comment les effets produits par les causes naturelles pendant la vie végétale se reproduisent fidèlement pendant la vie embryonnaire, ainsi les embryologistes retrouvent dans l'étude du fœtus tous les phénomènes qui font l'objet des recherches des botanistes. Un exemple de ceci c'est que les flexions inverses des branches supérieures et inférieures de la plante ont été observées, et sont ainsi décrites par Kolliker : « Le bras présente au niveau où sera le coude une convexité regardant en arrière, et la jambe, au niveau du genou, une légère éminence dirigée en avant. L'apparition de ces marques, qui a lieu dès le second mois et va toujours s'accentuant davantage, achève de donner aux deux membres ce qui fait leur caractère distinctif le plus important. On peut, avec Humphry, l'exprimer ainsi : le membre antérieur quittant sa position latérale primitive, tourne graduellement autour de son axe longitudinal, de manière à amener le côté de l'extension à regarder l'extrémité distale du corps tandis que, pour le membre inférieur l'inverse a lieu, ce qui amène le côté de l'extension à se tourner vers la tête. » Nous rendrons ceci plus compréhensible en disant que le genou, quand on le fléchit, tourne sa pointe en avant, tandis que le coude la présente en arrière.

Les deux moitiés de l'arbre — les deux pôles de l'aiguille idéale que nous avons imaginée — sont séparées entre elles par une ligne neutre où les forces magnétiques s'annulent. Cette ligne de croisement à partir de laquelle les forces changent de direction deviendra dans le végétal un plan régulateur qui se perpétuera dans l'animal ; c'est le cœur. Il ne coupe pas l'axe de l'arbre en deux moitiés égales, comme la ligne neutre d'un aimant, ce qui indique qu'une des deux forces agit sur les végétaux plus puissamment que l'autre.

Cette ligne de divergence occupe une place qui varie suivant l'âge de l'individu d'abord, puisque pendant la jeunesse de la plante et pendant les premiers temps du développement embryonnaire de l'animal elle est située tout près de l'extrémité céphalique ou radiculaire suivant les espèces, ensuite, il est des animaux chez lesquels cette ligne est si basse qu'ils ont le cœur dans le cou ; nous verrons plus loin que chez les oiseaux c'est le contraire qui a lieu.

Pour terminer ce chapitre faisons remarquer que les formes spécifiques de l'organisme dépendent uniquement des caractères donnés à la plante, dès son origine, par les propriétés physiques et chimiques du protoplasma qui lui a servi de point de départ et qui se perpétuent dans la famille, quel que soit le milieu occupé postérieurement par la descendance du premier individu. Ces formes spécifiques, nées des rapports établis au début entre le protoplasma initial et le milieu, constituent une donnée historique qui peut nous faire retrouver l'habitat primitif des espèces et, peut-être aussi, l'intensité des forces qui agissaient sur la terre à l'époque de cette formation.

La forme acquise à l'origine est irrévocable et sans retour ; toute modification apportée dans la suite par des accidents de nature quelconque, sélection, croisements, etc, ne pourra désormais être considérée que comme un phénomène tératologique — non transmissible lui-même par hérédité.

Les espèces sont absolument fixes — jamais les descendants d'un dahlia ne deviendront des rosiers ; jamais les descendants d'un chien ne deviendront, dans la suite des temps, des chats.

MEMBRES SECONDAIRES

Après la déviation première du méristème qui engendre les membres primaires il se produit, dans l'arbre, un nombre successif de déviations partielles, toujours engendrées par la même cause : le changement de position de l'arbre sous les radiations solaires, et le dédoublement indéfini des axes, qui résulte de ce changement. Le nombre des rameaux tertiaires produits par ces déviations varie suivant les espèces de plantes, mais il est rigoureusement déterminé dans chacune d'elles. Ce sont ces rameaux qui forment les appendices terminaux des animaux, lorsque les dernières extrémités de l'arbre se sont usées et que le tronc, les branches gourmandes et les rameaux tertiaires, ont seuls subsisté.

Leur nombre varie de deux à sept. Les chiens et les chats ont sept doigts aux pattes de devant (deux de ces doigts sont rudimentaires, c'est-à-dire formés de branches plus usées que les autres) ; mais le plus souvent ils se trouvent au nombre de cinq comme chez l'homme et un grand nombre de mammifères ; chez le sanglier, le lapin, le cochon, ils sont au nombre de quatre ; le rhinocéros en a trois, chez la chèvre, le mouton, le bœuf, on en trouve deux, le cheval n'en possède qu'un seul.

Le nombre de rameaux tertiaires d'un arbre peut être quelquefois difficile à vérifier à cause de l'avortement des bourgeons qui doivent les produire. (Il s'agit des arbres *naturels*, bien entendu, avertissement que je suis obligé de donner afin que l'on ne soit pas tenté de prendre pour sujet d'étude ceux qui ont été soumis à la culture ; et la plupart de ceux des villes sont dans ce cas). Mais le nombre des rameaux étant toujours en correspondance avec l'ordre dans lequel naissent les feuilles sur la tige, il est facile, en étudiant celles-ci, de déduire de leur nombre et de leur disposition le nombre de doigts qu'auraient les animaux qu'ils deviendraient dans un milieu favorable à leur développement. (1)

---

(1) Le point d'où naît une feuille a, dans la vie végétale, une double importance puisque c'est, en général, immédiatement au-dessus de lui que naît le bourgeon.

Bonnet vit le premier qu'en faisant passer de bas en haut, une ligne, par les points successifs d'où partent les feuilles, cette ligne décrit une spirale autour de la tige ; que ces feuilles sont, dans un rapport à peu près constant, séparées chacune de la suivante par une partie égale de la circonférence de la tige, de manière que si l'on en trouve une placée verticalement

Le rapport de position des membres latéraux sur l'axe commun qui les porte est une question qui a été étudiée, discutée, controversée de toutes les manières par les botanistes.

Comme ces discussions portaient, en général, sur toutes les espèces végétales, très différentes les unes des autres, dans leur structure, on a introduit dans ce chapitre de la physiologie végétale des complications que je ne mentionne même pas ici, d'abord parce que cette étude est inutile à mon sujet, ensuite parce que les dicotylédones étant les seules plantes qui m'occupent dans cette première partie, il est inutile de rappeler ici ce qui a été dit relativement aux autres embranchements végétaux.

Les feuilles se produisent de deux manières; elles naissent sur la tige en spirales ou en verticilles. Lorsqu'elles naissent en spirale elles se produisent sur la tige suivant une ligne idéale plus ou moins allongée. Chaque tour de spire renferme un nombre de feuilles qui varie de deux à sept. (Je ne tiens pas compte, pour simplifier, des fractions dont on a compliqué la question).

La première feuille qui naît après un tour entier se trouve sur la tige au point de départ, c'est-à-dire

---

au-dessus d'une première feuille inférieure dont elle est séparée par un certain nombre de feuilles intermédiaires, la feuille suivante se placera au-dessus de la deuxième et ainsi de suite. Il avait signalé comme le cas le plus général celui où les feuilles reviennent ainsi superposées de cinq en cinq ».

De Jussieu. *Hist. nat. Botanique*, p. 119.

justement au-dessus de la première feuille de la spire. Elle recommence une nouvelle série qui recouvrira la première dans le même ordre.

« La moins complexe et la plus fréquente de ces dispositions, dit M. Duchartre, avait été observée vers la fin du siècle dernier, par Bonnet, qui l'avait nommée *Quinconce*, et même un siècle auparavant, dit Dupetit-Thouars, par Thomas Brown. Le pêcher, l'amandier, la ronce, etc., en offrent des exemples. Dans ce cas, c'est la sixième feuille qui est superposée à la première, et, par conséquent, la spire qui va de l'une à l'autre rencontre cinq feuilles. »

FIG. 10. Ligne idéale passant par les feuilles d'une même spire.

FIG. 11. Disposition des feuilles sur la tige.

Lorsque la spire ne se compose que de deux feuilles, terme minimum, on dit que les feuilles sont alternes, ou plutôt distiques. Dans ce cas l'animal n'aura que deux doigts, comme le mouton, la chèvre, etc; c'est le cas de l'orme. Le poirier, le cerisier et le peuplier donnent cinq feuilles dans un tour de spire. Lorsque, comme chez les chiens et les chats, on trouve sept doigts (aux pattes de devant), ils sont placés autour de la patte suivant une ligne spiralée semblable à celle que forment les bourgeons sur la tige.

Les bourgeons axillaires que chaque année produit, et qui se placent autour de la branche dans le même ordre que les feuilles engendrent donc les membres secondaires. Mais la ramification des arbres étant indéfinie, il se produit après la première spirale d'autres spirales qui, elles-mêmes, en engendrent de nouvelles. C'est cette production indéterminée de nouvelles spirales qui se greffent sur les premières, qui donne à l'arbre une forme plus ou moins arrondie et fait ressembler sa partie aérienne à un bouquet de branches. Ce qui l'éloigne considérablement de la forme animale et empêche de reconnaître, au premier abord, la similitude de structure qui existe, en réalité, entre les arbres dicotylés et les mammifères. Mais il faut considérer que toutes les branches hautes, formées de spirales secondaires, sont destinées à disparaître, et que l'arbre, arrivé à l'état d'usure végétale qui est l'aurore de la vie animale, ne possède plus que la spire qui s'est formée la première, celle qu'on appelle la *spirale primitive* ou *génératrice*, qui est la spirale indéfinie de laquelle naissent les spirales secondaires.

On retrouve dans le développement embryonnaire la trace de cette croissance indéfinie : « Dans un embryon de lapin de 17 jours, dit Kolliker, tous les orteils étaient terminés par une traînée de blastème non différencié, de longueur variable, tantôt occupant seulement la place d'une articulation, tantôt répondant en outre à une portion de la phalange plus ou moins étendue et non encore arrivée à l'état de cartilage ».

Lorsque toutes les spirales secondaires sont usées il ne reste sur l'arbre que la *spirale génératrice*, la première formée. Sa disposition régit donc le mode de terminaison des membres des animaux. C'est l'origine des axes qui formeront dans le squelette animal le carpe et le métacarpe, le tarse et le métatarse et les phalanges des doigts.

La direction que suivent les rameaux successifs qui se produisent dépend de leur position respective ; elle est plus ou moins oblique ou verticale, mais cette direction peut être géométriquement déterminée puisqu'elle obéit à des forces immuables.

Lorsque sous l'action longtemps exercée d'une excessive pression l'arbre tout entier, comme aplati par le poids énorme qui pesait sur lui, se raccourcissait en s'épaississant, il devait arriver que toutes les branches verticales, c'est-à-dire toutes celles qui étaient placées dans une position perpendiculaire à la surface terrestre, subissaient un raccourcissement considérable, tandis que celles qui poussaient dans une direction oblique se raccourcissaient beaucoup moins. Ainsi, tandis que dans la tige médiane, la plus verticale de toutes, la pression exercée sur chaque mérithalle

(*mérithalle* est le nom botanique des protovertèbres) l'aplatissait au point de le réduire à la proportion d'une vertèbre, les membres primaires de la plante, qui sont toujours les plus obliques, ne se raccourcissaient presque pas ; ils formaient les os longs, le fémur et l'humérus, qui ne sont chacun que le développement d'un seul bourgeon, comme les vertèbres. Certains rameaux tertiaires qui, dans leur mouvement de retour vers la tige, poussaient verticalement, subissaient, comme les vertèbres, un aplatissement complet, tandis que d'autres qui suivaient une direction oblique se raccourcissaient moins et formaient des os un peu plus allongés. Ainsi, en observant le squelette du pied de l'homme, nous pouvons déterminer la direction que suivaient les rameaux qui l'ont formé.

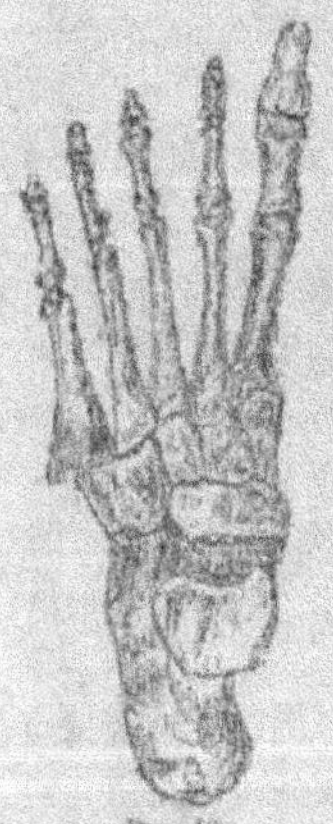

Fig. 12
Squelette du pied de l'homme

Les os astragale, scaphoïde, cuboïde et cunéiforme sont originaires de branches verticales ; les métatarses proviennent de branches obliques, et les dernières phalanges des derniers ramuscules plus ou moins divergents. En botanique on explique cela en disant que les branches irradiées latéralement sont moins que les autres retardées dans leur croissance. « Quand une plante verticale est exposée à une radiation latérale, dit M. Van Tieghem, son héliotropisme a pour résultat d'amener son corps dans la direction du rayon incident ; après quoi la croissance continue en ligne droite. Or, c'est justement dans cette direction que le corps reçoit le moins possible la radiation incidente, et qu'il se trouve, par conséquent, le moins possible retardé par elle dans sa croissance ».

Donc si la branche qui a formé le fémur, au lieu d'avoir suivi sa direction oblique, avait été redressée pendant sa formation, elle aurait été retardée dans sa croissance jusqu'au point d'arriver à n'avoir plus que l'épaisseur d'une vertèbre.

La différence de longueur qui existe entre le fémur et une vertèbre est donc comparable à la différence qu'il faut supposer exister entre les branches tertiaires de l'arbre, à leur origine, et les os astragale, scaphoïde, cuboïde et cunéiforme. Rendez à ces os leur longueur primitive et vous referez du pied la cime de l'arbre. Si nous observons la façon dont s'opère l'ossification nous y retrouvons la preuve de cette action verticale de la pression. Ainsi, tandis que les vertèbres qui occupent l'axe vertical s'ossifient en s'épaississant dans tous les sens à la fois, ce que l'on constate en examinant pendant le développement embryonnaire leurs travées osseuses dont les directions convergent vers un centre commun, comme les rayons d'une sphère, dans les os longs, qui occupent des positions obliques ou horizontales, c'est par le centre de l'os, la diaphyse, qu'apparaissent les points d'ossification primitifs.

Quoique dans le développement embryonnaire on trouve partout des contours indécis, des incertitudes, un manque de netteté et de délimitation précise, et, en même temps, un singulier défaut de chronologie qui nous montre en même temps des organes qui, dans le développement primitif, ne sont pas contemporains, il est toujours utile, cependant, de mettre en regard de nos descriptions l'histoire du développement embryonnaire.

Kolliker décrit ainsi les observations qu'il a faites sur un embryon humain, au sujet des membres secondaires : « A l'intérieur de la main les métacarpiens formaient des cartilages distincts, mais ils n'étaient délimités nettement ni à une extrémité ni à l'autre ; un tissu foncé interposé les reliait, au contraire, au cartilage du carpe, d'une part et de l'autre à ceux des premières phalanges, les seules qui fussent formées à cette époque. Ce tissu intermédiaire était même rattaché à ces cartilages par une enveloppe formant une sorte de périchondre. A l'extrémité distale des phalanges, encore très-courtes, ce tissu de revêtement constituait comme un petit appendice (ce tissu de revêtement est le liber, le petit appendice est une feuille), et cette couche terminale du squelette des doigts était entourée partout d'un blastème indifférent et uniforme, sans caractère particulier pour les différents doigts ».

La direction que prend le pied, que l'on exprime en disant qu'il est *tourné en dehors*, est restée celle que prenaient les ramifications lorsqu'elles se développaient normalement, mais il est des cas fort nombreux où cette direction normale se dévie.

M. Duchartre considère la découverte de la disposition des feuilles sur la tige comme une des plus belles conquêtes de la science moderne. Pour ma part, je l'apprécie d'autant plus qu'elle facilite singulièrement l'exposé de ma théorie, en donnant la cause du nombre des doigts des animaux et en prouvant que la fréquence du nombre cinq est un fait naturel, d'origine végétale, et ne provient pas de la *descendance d'un ancêtre commun*, comme l'affirme M. Darwin, et après lui M. Hæckel qui, dans son livre « *La Création naturelle* », joint à son texte une figure qui est toute en faveur de ma théorie et non de la sienne. « A quoi, dit-il, serait-il possible d'attribuer cette étonnante homologie, cette parité de la structure intime essentielle sous la diversité des formes extérieures ? A quoi, sinon à une hérédité commune provenant d'ancêtres communs ? »

Si tous les animaux pourvus de cinq doigts proviennent d'un ancêtre commun nous sommes donc plus proches parents de la taupe que du cheval, du rat que de la chèvre ? Que d'absurdités dans cette théorie de la descendance que quelques personnes bienveillantes veulent bien qualifier d'ingénieuse !

Quoique notre végétation actuelle nous offre bien peu d'exemples d'arbres possédant déjà la structure animale, il s'en trouve cependant quelquefois qui arrivent encore lentement à cet état.

Quand nos arbres modernes atteignent la période que les forestiers appellent de décrépitude, leur cime toute entière meurt. Cette modification s'opère lentement, ce sont d'abord les branches les plus hautes qui périssent, puis, peu à peu, toutes les autres. Les industriels disent alors que l'arbre est usé. C'est alors seulement que sa forme animale se dessine. Cette période végétale est reproduite dans la vie fœtale du deuxième au quatrième mois dans le genre humain. (1)

Le phénomène de la fasciation, ou dédoublement, qui divise le méristème presqu'à l'infini est la principale cause de l'usure des parties terminales de l'arbre ; « Ce ne sont pas seulement, dit M. Van Tieghem, leurs branches les plus âgées que les arbres perdent peu à peu. Il s'en sépare aussi chaque année de jeunes rameaux à la périphérie de la cime. Ce sont d'abord les rameaux florifères, dont les derniers meurent après la

---

(1) « Sur un embryon humain de six semaines, les extrémités montrent déjà distinctement leurs trois segments, et les doigts se dessinent déjà au pied, mais avec infiniment moins de netteté qu'à la main, dans laquelle d'ailleurs leurs rudiments demeurent encore comme réunis par une membrane palmaire. Les cartilages des os du carpe sont déjà distincts au second mois, et demeurent cartilagineux jusqu'à la naissance. En ce qui touche l'époque de la formation des articulations, je signalerai qu'elles commencent à se faire remarquer après la première apparition du cartilage, sur des embryons de six à huit semaines, dans l'espèce humaine. Sur des embryons humains de quatre mois, je trouve constituées toutes les articulations des extrémités jusqu'à celles des dernières phalanges ».

Kölliker, *Embryologie*, p. 507.

maturation des fruits, ce sont aussi, dans certains cas, des rameaux feuillés qui se détachent avec leurs feuilles soit à la fin de la première année, soit après plusieurs années. »

« L'extrémité d'une branche fasciée, dit M. Germain de Saint-Pierre, est généralement molle et pulpeuse et est atteinte facilement par la gelée. D'autres branches fasciées périssent par épuisement et par le seul fait du changement de température lorsque les journées chaudes et sèches succèdent brusquement à un temps humide et pluvieux. » (1)

La décroissance de l'activité vitale qui s'opère aux extrémités de l'arbre continue dans l'animalité. Dans les individus affaiblis ce sont encore les extrémités qui perdent leur chaleur et s'engourdissent les premières, si bien que la vie semble être refoulée vers son point de départ, le cœur.

Si vous regardez à la loupe le dessin que forment les mille petites raies qui sillonnent la peau de vos doigts, vous verrez sur la partie interne de la dernière phalange la trace de la dernière fasciation, c'est-à-dire du dernier dédoublement de la tige, dans le dessin même que vous y trouverez à 5 ou 6 millimètres au-dessus de la dernière articulation. Vous verrez, à cet endroit, que les raies

(1) Le dépérissement des cimes par la fasciation est un fait bien connu des botanistes. M. Mer a fait sur ce sujet une communication à la Société botanique, dans sa séance du 23 janvier 1880.

de la peau se divisent pour former l'origine de deux ramuscules divergents.

Quoique le dépérissement des cimes s'explique par la fasciation, il est cependant permis de supposer que les spirales secondaires issues de la spirale génératrice ne se développaient pas dans la végétation des époques antérieures avec la même vigueur qu'aujourd'hui. Cette expansion de la plante est le résultat du géotropisme qui active la croissance, tandis que l'action de la pesanteur et l'action solaire, qui la retardent, tendent continuellement à empêcher cette expansion. Or l'héliotropisme est une force qui avait certainement une intensité bien plus grande qu'aujourd'hui pendant les âges passés de la terre. On pourrait donc expliquer par cette différence d'intensité des forces la formation des doigts sans avoir besoin d'invoquer l'action de la fasciation.

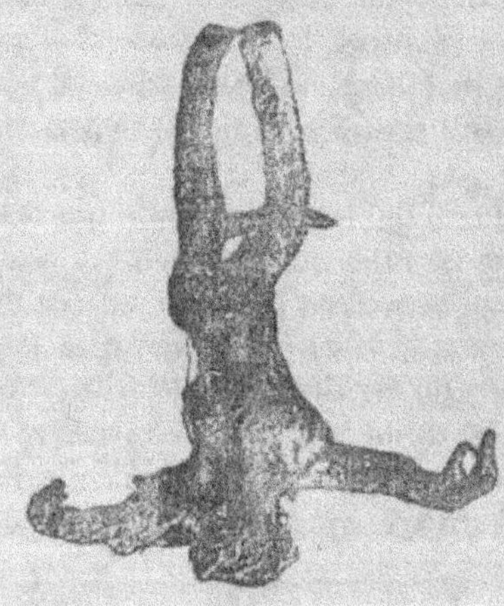

Fig. 13

Arbre dicotylédon dont la cime est usée.

Quoiqu'il en soit je mets sous les yeux

du lecteur un exemple d'arbre moderne usé par la fasciation, qui fera mieux comprendre que toutes les descriptions que l'on pourrait faire, la forme qui résulte du dépérissement des branches qui forment la cime de l'arbre.

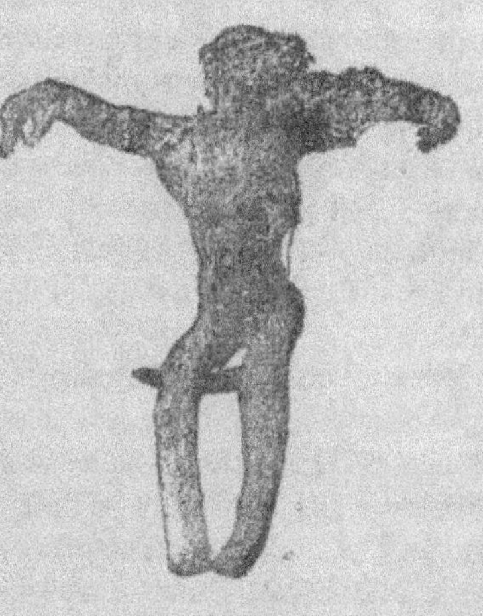

Fig. 14.

Le même vu dans sa position renversée (1).

Il ne faut pas considérer cet échantillon comme une monstruosité de la nature. Tous les arbres dicotylés usés par la fasciation ont la même structure, généralement même plus régulière.

Cet exemple nous montre que les branches primaires aériennes prennent une direction qui se

(1) Cet arbre a été trouvé il y a quelques années par M. Eugène Souquet, à Saint-Genest-de-Saintonge (Charente-Inférieure). M. Souquet est actuellement photographe à Royan. Il a fait photographier sa trouvaille par M. Weyler, rue Laffitte, 45. C'est d'après cette photographie que cette figure a été dessinée.

rapproche de la verticale, tandis que les branches primaires souterraines prennent une direction qui se rapproche de l'horizontale. Tous les détails du squelette suivent ces deux directions. Ainsi les apophyses articulaires des vertèbres cervicales ont des faces à peu près horizontales, les apophyses articulaires de la région dorsale et lombaire ont des surfaces d'articulation dirigées dans un plan vertical.

Nous voyons aussi, d'après cet exemple, que la position des bras n'est pas d'abord celle qu'ils prendront plus tard lorsque, sous l'action de la pesanteur, ils tomberont le long du corps. Cette position secondaire ne s'acquiert que peu à peu et est une conséquence du renversement — les animaux quadrupèdes ne la prennent jamais — le fœtus n'a jamais les bras pendants et l'enfant nouveau-né les tient encore longtemps relevés vers la tête. Losque l'effort que nous soutenons continuellement contre les forces atmosphériques a épuisé notre réserve de force, nous cherchons encore à nous délasser en nous remettant dans notre station primitive; alors nous étendons les bras, et, en même temps, nous cherchons un point d'appui élevé pour reposer nos jambes.

Les arbres cultivés dans nos jardins, dans les avenues ou les bois qui constituent des promenades publiques, ne peuvent malheureusement pas nous servir de sujet d'étude. La culture que ces plantes ont subie, qui est une éducation artificielle, a modifié tous leurs caractères naturels. La taille, l'émondage, l'ébourgeonnement, le recépage et toutes les opérations inventées par les hommes pour développer outre mesure les branches aériennes des arbres, altèrent leur forme primitive, changent leur destinée naturelle et modifient tous leurs organes. Les arbres cultivés et transplantés ne prennent jamais la structure régulière qu'ils auraient s'ils avaient toujours occupé leur station natale et n'avaient pas été taillés. Toute allée régulière est formée d'arbres irréguliers; les arbres ne poussent pas suivant des lignes symétriques. Cependant ceux qui sont pressés les uns contre les autres dans les bois ou les forêts s'élèvent démesurément pour dépasser leurs voisins et ne prennent pas non plus, à cause de cette circonstance, leur forme naturelle. L'action de la radiation latérale ne peut pas s'exercer sur eux. C'est à la lisière des bois, dans les prairies découvertes ou dans des terrains abandonnés, qu'il faut chercher des sujets d'étude.

Les arbres restés dans des conditions naturelles d'existence, ceux que la main de l'homme n'a pas touchés sont ceux que les industriels appellent *gibbeux* et *difformes*. Ils sont rares dans les pays envahis par l'industrie.

C'est pour les éloigner de cet état, que l'on considère comme défectueux, qu'on leur fait subir un traitement qui a pour résultat d'entraver le travail de vie qui se fait en eux et de développer les parties inutiles au détriment des parties essentielles. Pour atteindre ce but on leur fait subir les mutilations les plus irréfléchies et les plus barbares, jusqu'à ce qu'ils arrivent à la forme de convention que l'on prend pour type.

Les cavités qui se forment dans le tronc des vieux arbres, et que les forestiers appellent *des caries,* cavités que les industriels considèrent comme un grand défaut, sont aux yeux du naturaliste une précieuse qualité, puisque cet état nous permet de suivre dans la nature le développement primitif de tous les organes qui fonctionnent dans le corps de l'animal, bien plus sûrement qu'en suivant cette formation dans le développement embryonnaire.

LA QUEUE

On sait que l'école transformiste fait de la queue des mammifères le résultat du développement de la nageoire caudale des poissons. J'ignore comment elle s'y prend pour appuyer cette assertion sur l'anatomie et sur le développement embryonnaire, car, dès la première apparition de la corde dorsale, la tige qui constitue l'embryon s'effile à son extrémité caudale et jamais nous ne la voyons s'étaler en éventail.

La formation naturelle de la queue résulte du développement de la tige dont nous avons déjà fait l'histoire au chapitre des vertèbres. Nous allons cependant reprendre ici l'histoire de ce développement.

Dans les plantes dicotylédones, la tige, et chacune de ses branches, est terminée par trois bourgeons, l'un médian, qui est la continuation de la tige elle-même, et qu'on appelle bourgeon terminal ; les deux autres latéraux, qu'on appelle bourgeons axillaires parce qu'ils donnent naissance, en se développant, à de nouveaux rameaux.

Quand les trois bourgeons se développent régulièrement on a une tige ou branche trifurquée ; si le bourgeon du milieu avorte on a le cas d'une tige bifurquée.

Les bourgeons terminaux, qui ne font que prolonger la tige-mère, forment, s'ils se développent, des zônes annuelles, des protovertèbres, qui deviennent les vertèbres de la queue. Cette queue est composée d'autant de vertèbres qu'il s'est produit de bourgeons terminaux, quarante, cinquante, quelquefois soixante. L'activité vitale, qui décroît toujours, finit par ne plus produire à l'extrémité de la tige qu'un bourgeon épuisé — avorté.

D'après Rosemberg, la corde de l'embryon se prolonge en arrière au-delà des vertèbres caudales cartilagineuses pour finir en un appendice terminal, droit ou courbé, qui s'étend à peu près aussi loin que le tube médullaire.

Il semble que la décroissance de l'activité vitale du protoplasma, dans la tige médiane, continue dans l'animal où la queue n'est plus, parfois, qu'un mamelon, une touffe de poils ou une espèce de plumet, ou bien manque tout à fait.

Cependant, il n'est pas certain que les actions commencées dans la vie végétale, sous l'impulsion d'une force agissant directement, continuent à suivre leur évolution lorsque cette force n'agit plus, comme c'est le cas lorsque l'animal change de position.

Cependant, il est certain que lorsque l'individu se met en mouvement — phénomène que nous étudierons en abordant l'étude du système nerveux — et commence à s'appuyer sur ses membres, la tige médiane restant sans usage, peut, pour cette raison, ajouter à la décroissance naturelle de l'activité du protoplasma, s'user avec le temps, comme tous les organes dont l'activité vitale n'est pas entretenue par l'accomplissement d'une fonction (1).

---

(1) « L'examen des anomalies ou monstruosités facilite singulièrement l'intelligence de la structure des organes à leur état normal, car la nature nous révèle elle-même par ces sortes d'oublis ou d'indiscrétions accidentelles, la solution de problèmes compliqués qu'elle semblait avoir mis tous ses soins à dissimuler. Du reste, quelque désordre qu'il paraisse régner dans certaines déformations ou anomalies, on y retrouve, en général, les mêmes lois qui président aux organisations et aux dispositions normales. Cela est si vrai qu'un grand nombre d'anomalies ont des analogues dans la structure normale des plantes d'un type différent, plus ou moins éloigné dans la série végétale ».

Germain de Saint-Pierre, *Dictionnaire de Botanique*.

L'avortement d'un des trois bourgeons qui couronnent la tige, quoique répondant à une cause connue, n'est cependant pas toujours un cas régulier, mais souvent un phénomène tératologique. C'est ce qui explique que, dans une même espèce, certains individus ont une queue et d'autres n'en ont pas. Ainsi, dans certaines familles de singes, les *magots* qu'on trouve à Gibraltar, par exemple, la plupart des individus n'ont pas de queue, mais on en trouve quelques-uns qui en ont une. Les *gabbons* n'en ont jamais, les *loris* non plus; les *lémuriens*, comme les *magots*, présentent des cas d'animaux à queue et d'autres sans queue. Les *macaques* en ont une, mais très-courte. Cependant, la constance avec laquelle l'avortement du bourgeon terminal se produit dans certaines espèces déterminées et non dans toutes (jamais dans les conifères, presque toujours dans les papillonacées) indique qu'il est dû à une cause constante et normale, inhérente à la nature même de l'espèce. Je trouve encore cette cause dans le degré d'héliotropisme de la plante, puisque, lorsque le protoplasma est très-sensible à l'attraction solaire tout le méristème est entraîné vers la radiation latérale. Ceci revient à dire que cette cause réside dans la composition chimique de chaque espèce. Dans la lutte entre les deux forces qui dirigent la croissance de la plante, lorsque la tige médiane s'épuise constamment, cela veut dire que la force attractive du soleil l'emporte continuellement.

Pour que la croissance de la tige continue dans

une direction verticale sans que les ramifications latérales arrivent à se fixer, il faut que le géotropisme l'emporte, c'est-à-dire que l'action terrestre, qui est une action électro-négative, l'emporte sur l'action solaire qui est une action électro-positive.

Les transformistes ont cru retrouver chez l'homme la trace d'une queue disparue dans les trois petits os du coccyx. C'est là une erreur. L'homme provient d'un arbre bifurqué dans lequel l'activité du protoplasma s'est éteinte dans la tige médiane trois ou quatre ans après la formation des branches primaires, temps pendant lequel se sont encore formées les vertèbres coccygiennes.

Les singes sont les seuls animaux qui aient assujetti leur queue à un usage utile. Ils s'en servent pour s'accrocher aux branches. C'est tout ce qu'ils pouvaient en faire. Quelques marsupiaux, comme les phalangers, se servent aussi de cet organe, inutile chez les autres, comme de point d'appui pour faciliter leur marche si difficile à cause de la disproportion qui existe chez eux entre les membres antérieurs courts parce qu'ils proviennent de petits rameaux souterrains, et les membres postérieurs longs, dans la même proportion que la queue, parce qu'ils proviennent de branches hautes. Chez certains animaux, la queue est encore maintenant plus longue que les membres inférieurs, ce qui prouve que ces animaux proviennent d'arbres dont la flèche s'était développée aux dépens des membres primaires, comme cela arrive chez les conifères.

Cette formation naturelle de la queue a un tel caractère d'évidence que je crois inutile de m'y arrêter davantage. Je veux, cependant, citer ici, avant de terminer, l'opinion de M. Darwin sur l'origine de cet organe. Rappelons d'abord, que M. Darwin fait remonter l'homme et tous les mammifères, à un poisson, prototype de toute la classe. « Des organes actuellement insignifiants, dit-il, ont probablement eu, dans quelques cas, une haute importance pour un ancêtre reculé. Après s'être lentement perfectionnés à quelque période antérieure, ces organes se sont transmis aux espèces existantes, à peu près dans le même état, bien qu'ils leur servent fort peu aujourd'hui ; mais il va sans dire que la *sélection naturelle* aurait arrêté toute déviation désavantageuse de leur conformation. On pourrait peut-être expliquer la présence habituelle de la queue et des *nombreux usages* (?) auxquels sert cet organe chez tant d'animaux terrestres dont les poumons ou *vessies natatoires modifiées* trahissent l'origine aquatique, par le rôle important que joue la queue, comme organe de locomotion, chez tous les animaux aquatiques. Une queue bien développée s'étant formée chez un animal aquatique, peut ensuite s'être modifiée pour divers usages, comme chasse-mouches, comme organe de préhension, comme moyen de se retourner. Chez le chien, par exemple, bien que, sous ce dernier rapport, l'importance de la queue doive être très minime, puisque le lièvre, qui n'a presque pas de queue, se retourne encore plus vivement que le chien. »

Voilà les absurdités et les contradictions dans lesquelles on tombe lorsqu'au lieu de rattacher les phénomènes de la nature à des causes simples, on cherche des causes éloignées, obscures, embrouillées, nébuleuses et chimériques.

LE CRANE

La première chose à faire lorsque l'on bâtit une théorie de l'évolution c'est de chercher des échantillons d'individus arrêtés aux différents stades que l'embryon reproduit, et réalisant chacune des formes que nous considérons comme des formes de passage.

Cette méthode est si logique — et si nécessaire, du reste, pour satisfaire les exigences rigoureuses de la science — que l'on s'étonne de n'avoir jamais vu les efforts des transformistes dirigés dans cette direction.

Jamais aucun d'eux n'a eu l'idée de réunir dans un musée la série complète, classée par rang d'âge phylogénique, des êtres que l'évolution Darwinienne prétend nous imposer pour ancêtres.

Il est vrai qu'il aurait fallu commencer par nous montrer un individu muni d'une vésicule ombilicale et d'une allantoïde à l'état adulte, — caractères bien définis, bien connus, bien faciles à retrouver dans la nature, s'ils y sont, — et constants chez les mammifères et les oiseaux au commencement de leur développement; caractères cependant sur lesquels les transformistes ont peu argumenté, dans l'impossibilité où ils étaient de nous montrer, dans la série animale, une espèce arrêtée à ce stade de l'évolution.

Il est impossible, cependant, que le développement primitif n'ait pas laissé de traces dans les couches de terrain que la géologie a fouillées; il est impossible que l'on ne retrouve pas, en suivant les âges de la terre, la série complète des formes traversées par chaque espèce animale.

Plus heureux que les transformistes je peux reconstituer, par des échantillons, l'histoire à peu près complète des premières phases de l'évolution. Si je n'en ai pas encore un grand nombre à offrir à l'examen des savants et à la curiosité du public, c'est parce que je n'ai pas les moyens d'action nécessaires pour entreprendre de lointains voyages et fouiller l'écorce terrestre.

Je n'ai à ma disposition, pour le moment, que quelques échantillons trouvés en France et arrêtés à différents degrés de développement que les individus qui forment notre végétation actuelle atteignent encore.

J'ai cherché ces échantillons parce que j'ai compris qu'il était du plus haut intérêt, après avoir étudié la partie aérienne de l'arbre, de savoir si l'étude de la partie souterraine allait nous présenter les mêmes analogies de structure. Il était du plus haut intérêt, en effet, de chercher dans la partie de la racine qui termine inférieurement la tige, la formation rudimentaire du crâne et des organes qui se logent dans la tête.

Cette étude ne pouvait être faite à l'aide d'aucun ouvrage de botanique, puisqu'aucun botaniste ne s'est occupé de la racine des *arbres usés*, des arbres arrivés à cet âge de décrépitude végétale qui est le point de départ de la vie animale. C'était donc à la nature même qu'il fallait demander des documents, des exemples et des preuves. Ce chemin, qui, du reste, est toujours le plus sûr, est celui que j'ai suivi. J'ai examiné quelques échantillons de cette partie du végétal que, vulgairement, on appelle *des souches* (et qu'il est assez difficile de se procurer dans un état intact, car la hache des bucherons ne

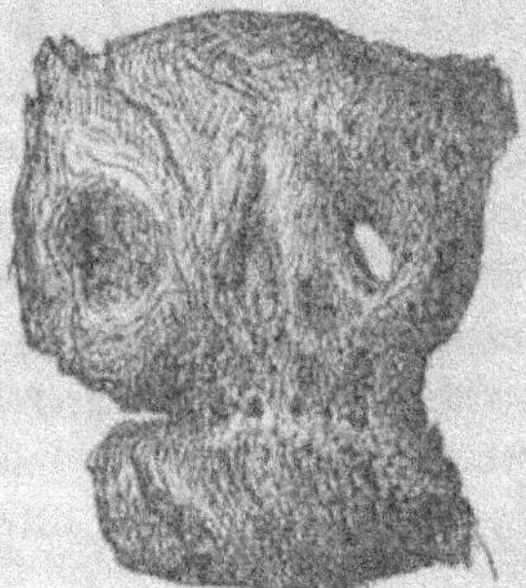

Fig. 15
Tête végétale dessinée d'après nature.

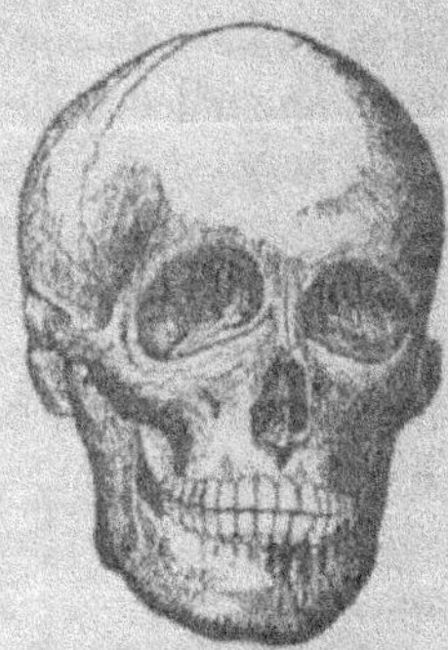

Fig. 16
Crâne de l'homme.

respecte rien). J'y ai toujours trouvé, outre la structure régulière des différentes têtes animales, des particularités extrêmement curieuses et dont je recommande l'étude aux naturalistes.

La figure 15 représente une tête végétale qui, évidemment, se rapporte au genre humain. Pour en faire ressortir l'évidence je mets à côté d'elle un crâne d'homme.

La face est aussi aplatie que celle de tous les hommes qui vivent actuellement sur la terre, et quoique le menton soit assez développé il ne ressemble en rien au museau saillant du singe. Il faut donc renoncer à l'idée de chercher dans le genre simien l'origine de l'homme puisqu'il existe des végétaux *plus hommes* que les singes.

Comme particularités anatomiques à noter, je ferai remarquer d'abord la netteté avec laquelle sont marquées les cavités annexes du nez, ces cavités dont la formation embryonnaire est encore si mal étudiée.

Je ne regrette qu'une chose, c'est que mon insuffisance ne me permette pas de faire de cet échantillon une description aussi scientifique que d'autres pourraient le faire. Quoi qu'il en soit voici ce que je vois sur l'original qui a servi à faire ce dessin.

Entre les deux cavités orbitaires, dont l'une est creusée tandis que l'autre ne l'est pas encore, et au-dessus de l'orifice buccale, indiqué par une dépression percée d'une rangée de petits trous, se trouve le *septum cartilagineus*, formé de fibres en continuité avec le maxillaire supérieur ; plus haut la *concha inférieure* et le *foramina cribosa ;* enfin plus haut encore le *crista galli*.

Dans cet échantillon, le *septum narium* cartilagineux est simple, ce que Kolliker a constaté dans l'embryon, contrairement à l'opinion de Dursy qui y voit la fusion d'une cloison cartilagineuse double.

Le sinus maxillaire est indiqué par la disposition des fibres.

En ce qui touche les annexes de la cavité nasale elles n'existent pas sur cette figure, dépouillée de son écorce, il est vrai ; or, comme Dursy a montré dans le développement embryonnaire que les annexes naissent sous forme de diverticules de la muqueuse, laquelle n'a pu se former que du liber, absent ici, il ne faut pas s'étonner de ne pas trouver dans ce rudiment de tête humaine le futur cartilage du nez.

Si au lieu de regarder cet échantillon de face nous le retournons, nous trouvons de l'autre côté l'origine du sphénoïde antérieur dans une couche fibreuse en voie d'ossification ; la cavité buccale avec une muqueuse bien formée et l'origine des glandes ; le pharynx est largement ouvert et la luette en voie de formation.

La partie postérieure du crâne manque dans cette racine.

Chose fort curieuse à observer, la disposition des fibres, encore ligneuses, de cette tête rudimentaire, annonce déjà l'expression qu'aura plus tard le visage.

La souche représentée dans la figure 17 a tout l'aspect d'une tête de chien.

Fig. 17.
Tête végétale dessinée d'après nature.

Le museau est creusé à l'endroit où il doit s'ouvrir, les yeux sont indiqués et les naseaux bien formés. Quant à la structure elle est exactement ce qu'elle sera dans l'animal.

Vue par la partie postérieure, elle nous montre le rocher, déjà de consistance éburnée, la cavité où se logera le cerveau et qui contient une petite masse médullaire desséchée, et présentant le même aspect que les cerveaux trouvés dans les crânes des catacombes; cette souche provenant d'un individu mort depuis longtemps, sa substance médullaire est réduite à un résidu qui n'a pu disparaître par évaporation.

L'origine du sphénoïde postérieur y est indiquée, et plus bas, trois sillons indiquent la place qui était occupée par les arcs branchiaux, lesquels s'arrêtent brusquement dans le cou, et ne semblent ici prendre aucune part à la formation des parties dures de la face, contrairement à la théorie généralement admise par les embryologistes, et que je trouve confirmée, du reste, dans d'autres échantillons.

A part ces observations, le futur crâne de chien que j'ai sous les yeux est une masse pleine, fibreuse, sans aucune lacune dans sa continuité, si ce ne sont les orifices creusés par une action mécanique extérieure et qui annoncent la place que viendront occuper les sens spéciaux. Toute cette masse ligneuse semble coulée d'une seule pièce et la direction des fibres qui la composent, et que l'on peut suivre dans toute leur longueur, indique la direction des forces qui ont courbé et dirigé le pivot d'arrière en avant. Le crâne est continu, rien n'y ressemble aux sutures que l'on trouvera plus tard séparant les différents segments qui formeront le crâne définitif de l'animal; du reste cette segmentation des pièces du crâne n'existe pas à l'état embryonnaire et ne se produit que par le fait du travail d'ossification.

Cet échantillon se trouve arrêté dans son développement à l'état qui correspond à ce que les embryologistes appellent le *crâne membraneux*, sa partie postérieure est ouverte.

La souche représentée dans la figure 18 est plus curieuse encore; elle possède déjà un organe visuel extrêmement intéressant à observer dans tous ses détails.

Fig. 18.
Tête végétale dessinée d'après nature.

Le globe oculaire, formé d'une matière gélatineuse pétrifiée, est entouré de paupières qui ont l'apparence de la lame fibreuse qui sépare les deux moitiés d'une noix.

Cette tête nous montre, de plus, un profond sillon sinueux creusé à la place où se formera la trompe d'eustache. Il part de la gorge et vient aboutir à la place qu'occupera l'oreille. La forme de cette racine rappelle celle de la tête du mouton.

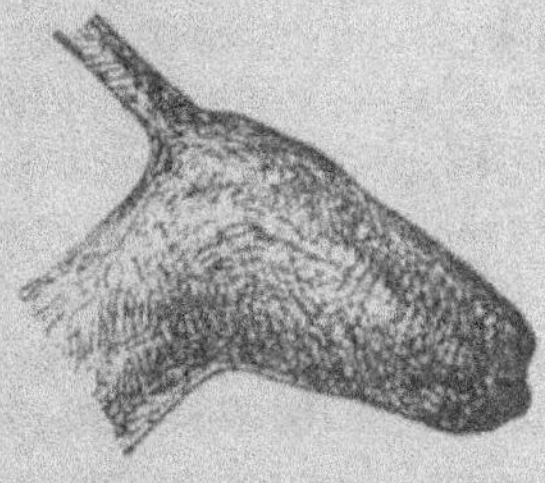

Fig. 19.
Tête végétale dessinée d'après un échantillon du Muséum

L'exemple que je donne dans la figure 19 a été copié d'après un échantillon de la galerie de botanique du muséum. Il est moins intéressant que les autres, du reste je n'ai pas eu le loisir de l'examiner en détail ; il n'a de remarquable que la courbure du pivot rappelant par la forme qu'il prend la tête du cheval ou celle de l'âne.

Toutes les parties du squelette primordial qui passent directement de l'état cartilagineux à l'état osseux existent dans ces échantillons à l'état ligneux. Je ne trouve nulle part l'origine de ce que Kolliker appelle les os de revêtement. La transformation du chondro-crâne en crâne définitif me semble être due au processus histologique bien connu qui engendre une multiplication de cellules unies par une substance intercalaire.

Les échantillons dont je donne les dessins ne sont pas des fossiles, ils ont été trouvés aux environs de Paris en 1878, et proviennent d'arbres déracinés, il y a quelques années, dans des terrains avoisinant le bois de Boulogne. Du reste, toutes les souches que j'ai eu occasion de voir avaient la forme des têtes animales à différents états du développement embryonnaire. Il est facile de s'en convaincre puisqu'il suffit pour cela de faire déraciner des arbres régulièrement formés, et possédant déjà dans la partie aérienne, la structure animale.

Le grand avantage de cette théorie sur toutes les hypothèses qui ont été émises jusqu'à ce jour, c'est l'extrême facilité avec laquelle on peut en prouver expérimentalement l'exactitude.

Ceci m'amène à donner, en passant, à M. Darwin et à ses partisans cette maxime à méditer : *Ce qui est vrai peut toujours se prouver.*

Si après avoir examiné ces têtes végétales nous examinons les têtes fossiles des animaux disparus, ou même de ceux dont les descendants vivent encore parmi nous, nous sommes frappés de la ressemblance qui existe entre elles, non pas seulement au point de vue de la forme, mais surtout de la disposition des éléments anatomiques et de la consistance. En effet, la plupart des têtes fossiles ont bien plutôt l'apparence ligneuse que l'apparence osseuse. Est-ce parce qu'elles n'étaient pas arrivées au même degré d'ossification que celles qui se sont formées depuis ? Peut-être, car l'évolution marche toujours et les progrès acquis se transmettent aux descendants. Quoiqu'il en soit, je conseille à ceux qui voudraient combattre ma théorie, de ne pas se livrer à cette critique avant d'avoir d'abord examiné des souches modernes comparativement avec des têtes d'animaux fossiles.

Etudions maintenant l'action des forces qui produisent la courbure de la tige à son extrémité inférieure.

M. Van Tieghem attribue ce phénomène à ce qu'il appelle le *thermotropisme*. Il dit à ce sujet : « Nous avons supposé que la radiation calorique agissait à la fois et également sur tous les côtés de la plante. Le corps poursuit alors sa croissance en ligne droite, dans la direction que lui imprime la pesanteur.

« S'il n'en est pas ainsi, si la source de radiations est placée latéralement de manière que la plante reçoive plus de chaleur d'un côté que de l'autre, sa croissance sera inégale et, en conséquence, elle s'infléchira vers la source, ou en sens contraire, suivant le sens de la différence des températures.

La courbure n'a lieu, bien entendu, que dans la région de croissance et présente son maximum au niveau où la vitesse de croissance a elle-même son maximum. Au-dessus et au-dessous elle s'atténue progressivement jusqu'à s'annuler.

On peut appeler *thermotropisme* cette propriété de se courber sous l'influence d'un échauffement inéquilatéral et courbure thermotropique, les flexions dues à ces différences de températures. »

La courbure ne se produit que dans la région maximum de croissance, or cette région, nous l'avons vu au chapitre des vertèbres, est celle qui se forme lorsque l'individu végétal a atteint l'âge de 12 ans. C'est alors que son activité vitale diminue la période de ralentissement végétatif qui engendrait les disques intervertébraux, c'est alors que la racine primaire, qui constitue le pivot de l'arbre, se courbe.

En même temps qu'apparaissent les flexions craniennes le segment antérieur de la racine augmente graduellement de volume et bientôt devient le sphénoïde antérieur et la région nasale. Kölliker distingue dans les lames protovertébrales de la tête deux segments ; un segment postérieur dans lequel la corde existe encore (segment chordal) et un segment antérieur dans lequel la zône rachidienne ne s'est pas subdivisée en corde et en lames protovertébrales (segment prœchordal, ou, avec Gegenbaur, segment protovertébral). Cette division ne peut être faite qu'à partir du moment où le pivot se courbe, ce qui interrompt la croissance de la corde — ou tige primitive — toujours verticale. De ce moment toute la partie de la racine qui se place horizontalement, et dans laquelle la moëlle ne s'étend pas, forme le segment antérieur. On a appelé *piliers moyens du crâne* ou *selle turcique primitive* le point de la face interne de la base du crâne où la flexion de la racine lui fait faire un angle.

Mais la racine primaire avant d'arriver à l'état d'organisation, déjà très compliqué, des têtes rudimentaires dont j'ai donné le dessin plus haut, avait subi pendant un temps très-long un travail de différenciation qui peu à peu la transformait.

Remontons donc plus haut pour trouver l'origine du travail dont ces formes sont le résultat.

La racine primaire se forme de l'assise intercalaire du méristème primitif, tandis que son assise périphérique, en se différenciant, devient l'assise externe de la coiffe (le capuchon céphalique). Cette coiffe s'exfolie de très-bonne heure.

Le crâne de l'embryon dérive également du blastème situé à l'extrémité antérieure de la corde (tige herbacée).

Cette corde qui, dans la tige aérienne fait place aux protovertèbres, (segments annuels de la tige définitive) forme également des segments dans sa partie hypocotylédonée — les vertèbres cervicales en sont la preuve — ce sont les derniers segments de cette tige, les dernières protovertèbres qui, par leur coalescence, formeront le crâne.

Mais, de même que la tige aérienne produit tous les ans à son sommet trois bourgeons, un médian qui prolonge la tige et deux axillaires qui vont se perdre dans les branches latérales que chaque année voit apparaître puis disparaître, de même, dans la tige souterraine, il se fait une division du méristème en trois parties — je devrais dire trois *bourgeons*, mais le terme n'est pas généralement employé.

Ces trois centres d'activité — ces trois points végétatifs — forment également dans cette partie de la tige un prolongement médian dont les embryologistes font le bourgeon frontal, et des rameaux axillaires représentés par les arcs branchiaux.

Le bourgeon frontal est donc produit par la

racine primaire, les arcs branchiaux sont des racines secondaires ou axillaires.

Lorsque le pivot se courbe ces trois racines entrent en coalescence et, de leur réunion, naît le crâne.

Avant leur rapprochement complet ces trois racines laissent entre elles une large ouverture que Coste et après lui Kölliker appellent la bouche.

Puisque chaque zône annuelle forme dans la tige une vertèbre on peut certainement considérer les zônes de la tige descendante, dont la coalescence forme le crâne, comme l'origine d'autant de vertèbres, ainsi que l'ont fait les auteurs de la théorie des vertèbres craniennes. Mais cette théorie d'abord si simple, s'est compliquée de mille manières; on a augmenté ou diminué — suivant la fantaisie de chacun — le nombre de ces zônes si faciles à compter cependant par les rameaux nerveux que chaque bourgeon émet. (Nous en verrons la preuve en étudiant le développement du système nerveux). Gegenbaur divise le crâne en 9 segments — neuf métamères — en se basant, je crois, sur le nombre de renflements de la corde dans la base du crâne (3, 4 ou 5).

Les discussions de ce genre me semblent aussi puériles qu'inutiles, puisqu'en l'absence de l'observation directe que l'histoire du développement primitif peut seule fournir, elles ne peuvent donner pour résultat que des argumentations sans valeur.

Cette tendance à discuter sur l'inconnu, aujourd'hui si généralisée dans la science, est un curieux phénomène révélant l'état d'agitation et d'incertitude qui règne dans l'esprit des hommes.

Pour étudier la manière dont une racine trifurquée, c'est-à-dire formée du développement de trois points végétatifs, passe à la configuration définitive de la tête, il faudrait avoir sous les yeux une série d'échantillons arrêtés chacun à l'un des degrés qui marquent les progrès de ce développement. N'ayant pas cette série complète d'échantillons, je m'en rapporte aux descriptions des embryologistes.

Kölliker résume dans les lignes suivantes l'histoire de cette formation :

« En ce qui touche les parties externes, la première modification consiste en ce que le bourgeon frontal se réunit aux branches maxilliaires supérieures d'une part, et celles-ci, d'autre part, aux bourgeons nasaux externes. C'est ainsi que se produit un maxillaire supérieur complet et une région zigomatique continue, bien que peu étendue. Une fois cela fait le bord de cette formation maxillaire supérieure se convertit en lèvre et en bord alvéolaire du maxillaire supérieur et de l'intermaxillaire. En même temps le bourgeon frontal donne peu à peu naissance au nez qui, de sa forme primitive large et aplatie, passe de plus en plus à la forme typique élancée que nous lui connaissons.

Pendant que les premiers phénomènes de ces transformations s'accomplissent, de notables modifications ont lieu aussi dans la profondeur. La cavité buccale est, au début, une large cavité sur la voûte de laquelle les fossettes olfactives s'ouvrent par deux petits trous que j'appellerai les *orifices nasaux internes*. Bientôt cependant, et même déjà avant la fin du second mois, commence à se produire une transformation dont le résultat final est de subdiviser la cavité buccale, d'abord simple, en deux segments, l'un volumineux et inférieur, segment digestif, l'autre étroit et supérieur, segment respiratoire. Les branches maxillaires supérieures du premier arc, en effet, ne se développent pas seulement à l'extérieur, mais aussi à l'intérieur, en produisant de ce côté une lame que j'appellerai *lame palatine*. Les deux lames de ce nom dont la direction au début obliquement descendante devient plus tard horizontale, se rapprochent graduellement de la ligne médiane en circonscrivant entre elles une fente de plus en plus étroite, *fente palatine*.

A partir de la deuxième semaine, les deux lames palatines se soudent l'une à l'autre d'avant en arrière, mais en se soudant aussi en avant au large bord inférieur de la cloison nasale, très-courte encore à cette époque. A la neuvième semaine, la partie antérieure du palais répondant au palais osseux est déjà entièrement fermée; le palais membraneux, au contraire, encore fendu sur la ligne médiane. Mais sa constitution fait de rapides progrès à partir de cet instant, si bien que des embryons de la seconde moitié du troisième mois montrent le voile du palais déjà constitué et la luette en voie de formation. Celle-ci d'ailleurs pouvant être reconnue avant la réunion des deux moitiés du palais membraneux, à deux légères saillies situées chacune à l'extrémité postérieure d'une des lames de ce palais membraneux. »

Le mode d'ossification de la tête n'est pas le même que celui des membres. Si l'on suit l'ossification dans les membres on voit que les ostéoplastes forment des rangées régulières suivant des circonférences concentriques. Cette formation répond au mode d'accroissement des tiges exogènes. On observe aussi que la plupart des os se forment en se substituant à un cartilage préexistant, formé par l'action lente du temps dans le tissu fibreux qui, primitivement, remplit toutes les tiges. Mais dans la racine primaire, — ou dans la tête, — l'ossification suit un autre mode de développement, que l'on pourrait appeler le refoulement des éléments anatomiques. La tête, en effet, d'abord pleine, se creuse peu à peu de cavités où viendront se loger plus tard les organes des sens. Les vibrations lumineuses, sonores, etc., dont nous étudierons plus loin le mécanisme, en venant frapper tous les jours le même point, y déterminent un déplacement des tissus. Si bien que toutes les parties de la tête qui avoisinent des organes se durcissent par l'annexion du tissu déplacé et forment des os développés sans cartilage préexistant.

Ces os sont chez l'homme les pariétaux, la partie écailleuse des temporaux, le cadre du tympan, les os du nez, unguis, malaires, palatins, maxillaires supérieur et inférieur, le vomer, l'aile interne de l'apophyse ptérigoïde et les grandes ailes du sphénoïde.

En résumé, la racine primaire est la partie essentielle de la plante comme la tête est la partie essentielle de l'animal. Si elle se fixe au sol, c'est parce qu'étant positivement géotropique, c'est-à-dire cherchant la terre, elle obéit à l'action de la pesanteur qui l'y entraîne et l'y maintient. La tête du fœtus, douée du même géotropisme, se dirige aussi vers la terre, autant que l'espace restreint qu'il occupe dans l'utérus maternel le lui permet.

Sachs cite quelques exemples de cette direction constante de l'axe et de sa fixation par celle de ses extrémités qui, lorsque la plante est mobile, se porte toujours en avant. « En ce qui concerne la direction de l'axe d'accroissement, dit-il, il paraît être de règle générale que la production de tout individu nouveau coïncide avec l'apparition d'une nouvelle direction d'accroissement. Dans les phanérogames, la direction d'accroissement de la tige de l'embryon est directement opposée à celle de l'ovule et continue de croître dans cette direction. »

« Une seconde remarque est relative à la fixation de la base de l'axe d'accroissement. Même quand le nouvel axe d'accroissement se forme par une zoospore ou par une cellule embryonnaire fécondée, l'accroissement *ne commence dans une direction déterminée que lorsque la cellule s'est fixée quelque part.*

Il en est ainsi de toutes les zoospores qui ne

s'allongent en tube et en filaments que lorsque leur extrémité hyaline *antérieure pendant le mouvement* (la tête) s'est attachée quelque part, fût-ce seulement à la surface de l'eau, à ce qu'on appelle la surface superficielle du liquide. Mais si un point solide est une fois donné comme base, l'accroissement en longueur ne se produit plus également que dans une seule direction à partir de ce point, c'est-à-dire que tout ce qui se forme dans cette direction est un membre doué d'un caractère morphologique déterminé.

Il ne faut pas en excepter le cas où un nouvel accroissement se produit plus tard dans la direction opposée, car le membre qui se forme dans cette direction opposée est d'une nature morphologique toute différente du premier. Il en est ainsi, par exemple, dans les embryons de phanérogames, où la racine principale naît, en effet, de telle façon que l'on doit regarder son axe longitudinal comme le prolongement en arrière de l'axe de la tige » (1).

Ceci prouve qu'il faut que la cellule, pour croître, se fixe entre les deux forces électro-magnétiques

---

(1) « Toute zoospore a une extrémité hyaline, le plus souvent amincie en pointe, située en avant pendant la translation, et une extrémité postérieure plus épaisse, arrondie, pourvue de chlorophylle. La ligne qui joint les deux extrémités est l'axe d'accroissement de la zoospore et de la plantule qui en provient. En effet, quand la zoospore s'arrête, elle se fixe par son extrémité antérieure, hyaline, qui forme un crampon transparent et souvent ramifié, tandis que l'extrémité colorée, postérieure pendant le mouvement, devient le sommet libre de la plantule ». SACHS. *Traité de Botanique*, p. 285.

qui règnent à la surface terrestre. Sans cette fixité et cette stabilité l'action lente des forces sur la matière serait impossible. Ceci est d'autant plus important à considérer que c'est le point de départ de la formation des organes dans la stabilité végétale.

Les organismes qui ne se fixent jamais n'ont jamais aucun des organes qui résultent de l'action des forces physico-chimiques sur le protoplasma.

OSSIFICATION

Dans les plantes exogènes, l'agglomération vers le centre des éléments anatomiques qui se forment dans la tige, détermine le squelette des mammifères. En effet, toutes les cellules des couches centrales convergent vers le point d'ossification par un mouvement endogène et les masses fibreuses de l'arbre présentent déjà la forme de l'os.

Cet accroissement des os en épaisseur et par couches concentriques a été démontré par Duhamel; son expérience remonte à 1743.

Il mêlait pendant quelques temps de la garance aux aliments qu'il donnait à un porc, puis il cessait ce régime pour le reprendre un peu plus tard. Lorsque l'on tua l'animal, on trouva que ses os étaient formés de couches concentriques alternativement rouges et blanches.

Une autre manière d'expérimenter consistait à

entourer d'un fil d'argent la diaphyse d'un pigeon. Ce fil ne tardait pas à se recouvrir par les couches de formation nouvelle, et enfin on finissait par le retrouver dans le canal.

Le squelette, avant d'arriver à l'état osseux, traverse tous les degrés de consistance dont le règne végétal nous donne des exemples, depuis la tige molle et flexible des plantes annuelles jusqu'à l'os le plus dur de l'animal.

Dans la jeunesse de la plante, le protoplasma vivant se renouvelle incessamment aux extrémités des tiges ; mais si l'on se rapproche du centre, on rencontre des cellules en voie de différenciation, cellules desquelles la vie se retire et dont les membranes mortes ne jouent plus dans l'organisme qu'un rôle passif. Ce sont celles-là qui, en se rangeant en couches concentriques, forment dans l'intérieur du bois des cercles qui se resserrent vers le centre de la tige.

S'il s'agit de la tige primaire, l'étui médullaire, sans cesse repoussé d'un côté du tronc, s'éloigne peu à peu du centre et s'en va occuper un point excentrique. Mais, s'il s'agit des membres primaires et secondaires, l'axe continue à occuper le centre de la tige, et se durcit en proportion des pressions qu'exercent sur lui les nouvelles couches qui, en se multipliant chaque année, le resserrent vers le centre.

Les tissus élastiques annexés au squelette représentent l'état de transition qui sépare le tissu osseux du tissu fibreux — ou ligneux.

C'est ainsi que, comme l'a établi la théorie de Goodsir, dans le squelette primitif, qui est fibreux, se forme d'abord le squelette cartilagineux, puis le squelette osseux. On a réfuté cette théorie en disant que ces trois tissus ne résultent pas d'une transformation successive, mais qu'au contraire il y a substitution d'un tissu à l'autre. On a nié l'évolution des tissus dont le système osseux est le dernier terme, sous prétexte que la formation du cartilage est quelquefois antérieure dans l'embryon à certaines formations de tissu fibreux, par exemple que les corps vertébraux se forment avant les disques intervertébraux, ou que les ligaments des amphiarthroses se développent après les cartilages des articulations correspondantes.

Cette négation n'est pas confirmée par le développement primitif. S'il y a d'abord apparition d'un cartilage quelquefois, c'est parce que l'action qui s'est exercée sur le tissu d'abord fibreux a produit, à un moment donné, ce cartilage, mais si, postérieurement, les nouveaux éléments fibreux qui sont apparus ne se sont pas trouvés soumis à la même action, ils sont restés fibreux et n'ont pas passé à l'état de cartilage. C'est ainsi que les disques intervertébraux, qui sont restés fibreux, séparent les corps vertébraux qui ont passé à un état plus avancé, parce qu'ils répondent chacun à une époque de croissance différente. Mais le tissu fibreux des disques intervertébraux serait devenu cartilagineux et le tissu des vertèbres serait resté fibreux si les choses avaient été renversées, c'est-à-dire si les époques de croissance avaient été changées.

Du cartilage à l'os il y a la même distance que du tissu fibreux au cartilage, avec cette différence cependant qu'il y a, pendant la formation squelettique, annexion d'une substance intercalaire que nous étudierons plus loin.

Les différents membres qui viennent s'annexer dans le développement primitif à la tige primaire sont identiques à elle au début. Les différences de structure et de fonctions ne s'accusent que dans la suite du développement et résultent de la direction des forces atmosphériques. C'est toujours au centre un étui médullaire et autour de lui un cylindre qui s'ossifie. C'est pourquoi une bouture faite d'un rameau secondaire, pendant l'extrême jeunesse de la plante, peut tenir lieu du rameau primaire et se développer comme lui, à la condition qu'on la mette dans une situation verticale, c'est-à-dire dans la direction de la pesanteur.

Ce fait indique à lui seul que la différenciation si grande qui s'opère dans le tronc et qui ne s'opère pas, ou s'opère moins dans les membres, n'a d'autres causes que la direction de la tige primaire.

Dans le développement embryonnaire, n'étant plus en présence des causes, nous ne voyons que des effets transmis qui, le plus souvent, nous semblent très-obscurs. Aussi il est imposible de comprendre la signification du développement embryonnaire sans connaître le développement primitif.

Dans cette étude que nous faisons de la formation première des animaux tous les faits nous apparaissent intimement unis aux causes qui les ont produits, et, par conséquent se présentent à nous avec le caractère de simplicité et d'évidence qui est le propre de la vérité.

Les données fournies par l'anatomie animale sont absolument insuffisantes pour expliquer ces faits, et impuissantes, par conséquent, pour fonder une théorie.

Ainsi donc l'ossification modifie le tissu, mais n'altère en rien la forme du squelette, qui reste constante dans chaque espèce.

Il y a *modification*, mais jamais *transformation* si l'on entend par ce mot, (comme il faut bien le faire) changement de forme.

La forme acquise à l'état végétal ne s'altère jamais et se reproduit sans cesse suivant un plan immuable. Les oiseaux n'ont donc pas pu devenir des mammifères, pas plus que les poissons n'ont pu devenir des oiseaux. Le système osseux est absolument fixe dans ses dispositions générales et ne peut se prêter à aucune déformation.

La forme de chacune de ses pièces résulte de l'impulsion d'une force immuable qui l'a faite ainsi et ne pouvait pas la faire autrement, aucune autre influence ne peut agir normalement sur le système osseux. En même temps l'architecture de la plante et le squelette qui en dérive, sont intimement liés aux fonctions physiologiques de l'individu.

Si le plan d'ensemble du squelette de tous les vertébrés mammifères est le même, c'est que tous dérivent du même embranchement végétal ; mais en changeant d'embranchement nous verrons des différences apparaître, nous verrons que les épices osseuses du squelette d'un animal d'origine dicotylédonée n'ont pas toujours leurs analogues dans le squelette d'un animal originaire d'un autre embranchement, nous verrons, en un mot, toutes les particularités anatomiques qui différencient les plantes entre elles se perpétuer dans les animaux, et se reproduire fidèlement dans chaque espèce, sans jamais s'altérer, sans jamais se transformer, sans qu'aucune confusion ne se produise jamais.

En face de la simplicité de ces faits on éprouve un singulier étonnement en voyant la peine que des hommes sérieux se donnent pour prouver ce qui est improuvable, pour chercher ce qui n'existe pas, pour forcer la Nature à donner des preuves qu'elle refuse.

On éprouve même un sentiment de tristesse en pensant que toute une génération emploie ses facultés intellectuelles à poursuivre une œuvre aussi stérile.

Quand on considère le temps et la constance de l'action, dans une même direction, qu'il faut à la Nature pour former une branche, puis un os, ou enfin un organe quelconque, on prend en pitié ceux qui croient pouvoir arriver par de petits moyens individuels à de pareils résultats.

La puissance de l'action des forces naturelles

est incommensurablement supérieure à tout ce que l'homme peut produire.

Pour terminer ce chapitre, je veux montrer au moyen d'une figure que dans nos arbres actuels le squelette est déjà dessiné dans son ensemble comme il l'est chez le fœtus humain de deux mois. C'est une œuvre inachevée, certainement, mais il nous est bien facile, en partant de cette donnée, et en nous guidant par le développement embryonnaire, de suivre par la pensée la suite du développement végétal.

Du reste la suite de cette étude va nous montrer dans l'arbre, l'aurore de tous les organes, de tous les viscères de l'organisme; nous allons suivre dans la Nature leur formation lente et leur perfectionnement progressif.

Fig. 20

(Dans cette figure les rameaux tertiaires formant les doigts se trouvent beaucoup plus rapprochés qu'ils le sont en réalité. Le dessinateur n'a pas tenu compte de l'aplatissement des rameaux verticaux dans le squelette du pied et de la main. Mais cette erreur étant indiquée, le dessin ainsi présenté a l'avantage de mieux faire saisir l'ensemble du corps).

CHAPITRE III

NEVROLOGIE

Les radiations. — Action magnétique : la direction des arbres. — Différences dues au hasard de la position occupée. — Action nerveuse. — Organes d'innervation : histologie. — Topographie du système nerveux. — Point de départ de la série végétale et de la série animale. — Résumé de cette théorie. — Animaux sensitifs et animaux moteurs. — L'agent nerveux.

LES RADIATIONS

Deux forces engendrent les mouvements de la matière organisée et interviennent dans le fonctionnement de la vie : l'une, *l'action nerveuse*, action interne, individuelle, qui apparaît avec le système nerveux ; l'autre, *l'action magnétique*, action externe qui s'exerce sur toute matière organisée, comme, du reste, elle s'exerce également sur la matière inorganique.

L'action nerveuse est essentiellement subjective; elle requiert *un corps ;* l'action magnétique est essentiellement objective; elle requiert *un milieu.*

Avant de parler de la manière dont s'exercent l'une et l'autre de ces deux actions, il faut savoir quelle est l'essence même de cette force — ou de ces forces.

Nous nous occuperons d'abord de l'action magnétique, parce qu'elle est antérieure à l'action nerveuse, et parce que sans elle la vie n'existerait pas. Le *milieu* précède le *corps* et l'engendre. Du reste, la logique exige qu'avant de faire l'histoire des organes on commence par faire l'histoire des forces qui les ont créés. Ce chapitre aurait donc pu être intitulé : *la Force*, car l'étude que nous allons y faire de l'action des radiations nous montrera que le principe de la vie est un état de la matière qui lui donne des propriétés physico-chimiques qui la caractérisent spécialement à l'état de radiations.

M. Van Tieghem, dans le *Traité de Botanique* qu'il publie en ce moment, commence ainsi un des plus beaux chapitres de son livre : « *Les conditions de milieu se réduisent à deux : la radiation et l'aliment.* Dans l'état actuel de la science, on admet que l'espace tout entier, et, par conséquent, le milieu qui enveloppe et pénètre tous les corps vivants est occupé par une substance impondérable : l'éther. Ce sont les mouvements vibratoires des molécules de l'éther qui produisent tous les phénomènes auxquels nous donnons le nom de chaleur, de lumière, sans doute aussi d'électricité, de magnétisme et même de gravitation. Si l'on néglige la faible action des étoiles, le soleil est l'unique foyer vibratoire extérieur qui rayonne sur la terre ; le flot continu de vibrations qu'il y déverse s'appelle *la radiation solaire*. Il est aussi la source principale de tous les mouvements vibratoires qui existent et se propagent à la surface de la terre, car s'il existe sur la terre des foyers de vibrations dus à la combustion de certaines substances (charbons et corps dérivés, pétrole, etc.), ces foyers terrestres sont peu de chose en comparaison du foyer solaire, dont leurs radiations ne diffèrent, d'ailleurs, en rien d'essentiel.

Quelle qu'en soit l'origine, ces mouvements vibratoires de l'éther, ces radiations sont à tout moment indispensables à l'édification du corps vivant de la plante et à l'accomplissement continu de ses fonctions. En un mot, pour vivre, il faut à la plante de la radiation.

Le milieu qui entoure immédiatement les êtres vivants à la surface de la terre est constitué par des matières pondérables, solides, liquides ou gazeuses, *toutes pénétrées par l'éther*. La présence de certaines de ces substances pondérables est à tout instant nécessaire au développement et à l'entretien du corps de la plante, ainsi qu'au jeu régulier de ses organes. L'ensemble de ces substances nécessaires peut être désigné sous le nom d'aliment. On dira donc que, pour vivre, il faut à la plante de l'aliment.

En résumé, pour que la vie se manifeste ou se réveille, il faut et il suffit qu'elle trouve réunies ces deux conditions générales : de la radiation et de l'aliment » (1).

(1) Ph. Van Tieghem. *Traité de botanique*, p. 77.

Il est donc de la plus haute importance pour nous de savoir ce que sont ces radiations qui constituent le milieu extérieur dans lequel la plante puise l'essence de sa vie d'abord, puis, dans le cours de son existence, le principe indispensable à sa conservation.

M. Van Tieghem vient de nous dire que la science actuelle admet que l'espace tout entier est occupé par l'éther, que les matières pondérables qui constituent le milieu gazeux au sein duquel vivent les êtres organisés, sont *toutes pénétrées par l'éther*.

Or je cherche dans la nomenclature des corps simples, je ne trouve nulle part ce corps mentionné. Cependant s'il existe, s'il occupe un point de l'espace et pénètre les gaz et même les substances liquides et solides qui nous entourent, si ses molécules se déplacent, en un mot s'il est *matière*, — pondérable ou impondérable, peu importe son état, — la chimie doit le connaître, étudier ses propriétés chimiques, ses caractères physiques.

D'un autre côté, je trouve que si l'oxygène gazeux qui enveloppe la terre a une limite, l'azote n'en a pas. L'analyse spectrale a révélé sa présence dans tous les coins de l'espace qui ont été explorés. J'en conclus donc que l'éther, tant chanté par les poètes, n'est autre chose que l'azote, matière universelle remplissant les espaces interplanétaires et même internébulaires.

Donc l'éther, ce corps que l'on croit impondérable sans aucune donnée à ce sujet, n'est pas autre chose pour moi que l'azote répandu partout et sillonné en tous sens par les radiations que chaque soleil émet.

M. Van Tieghem croit pouvoir négliger *la faible action des étoiles*. Je crois, au contraire, qu'il faut en tenir compte, attendu que l'action des radiations ne consiste pas seulement à nous apporter la lumière, elle nous apporte aussi une secousse moléculaire qui imprime un mouvement régulier à la terre et lui assigne sa place dans l'espace en la tenant en équilibre entre toutes ces forces.

L'action isolée d'une étoile peut être faible, mais l'action combinée de toutes les étoiles — dont le nombre est incalculable — engendre une force motrice considérable. C'est cette force motrice qui, balayant devant elle tout ce qu'elle rencontre sur son chemin, repousse tous les corps libres dans l'espace à la surface des planètes qui sont des points d'équilibre où les radiations s'arrêtent. Cette action motrice est la pesanteur.

« *Avant de chercher les lois de la pesanteur*, disait Descartes, *il faut que je sache ce qu'est la pesanteur ; c'est la cause qui doit expliquer les effets* (1). »

---

(1) M. Sainte-Claire Deville, dans une de ses plus intéressantes leçons, ayant été amené à parler de l'attraction, en étudiant les propriétés des corps, disait qu'aucune hypothèse connue n'a duré plus de 150 ans. « Dans l'hypothèse de Newton, disait-il, les choses se passent comme si le soleil attirait la terre. Or pourquoi le soleil l'attire-t-il ? C'est sans doute

Les radiations ne se manifestent pas seulement par leur action motrice, elles se manifestent aussi par une action chimique que toute matière, même raréfiée (surtout raréfiée), exerce.

Donc, quoique je trouve, comme M. Van Tieghem, que le terme de *rayons chimiques* doit être abandonné, parce qu'il est trop exclusif et qu'il faut lui substituer celui de *radiations*, qui est plus général, je crois cependant qu'il ne faut pas négliger l'action chimique des radiations, même stellaires, pas plus que nous ne pouvons négliger leur action motrice qui engendre toute la mécanique céleste, pas plus que nous ne pouvons négliger leur action lumineuse, malgré son peu d'intensité, puisque sans ce lien qui relie l'étoile à notre œil, nous ne la verrions pas.

Mais là où je me sépare de l'opinion de M. Van Tieghem, c'est lorsqu'il dit : « Le soleil envoie à la terre une seule chose, un flot tumultueux de radiations. *Toutes identiques par leur nature, ces radiations diffèrent par leur réfrangibilité.* »

Ce principe est basé sur l'optique de Newton,

---

parce qu'il y a dans le soleil des mains qui tiennent des infinités de ficelles qui relient la terre au soleil.

Si dans un examen on vous demande : Qu'est-ce qui fait tourner la terre autour du soleil ? vous répondrez c'est l'attraction. Mais si on vous demande : Qu'est-ce que l'attraction ? vous répondrez : c'est la force qui fait tourner la terre autour du soleil. Donc, répétition de principe, cercle vicieux. La chimie ne connaît pas cette force là. Vous aurez beau mettre votre main aussi près que vous voudrez de ce verre, jamais ce verre ne viendra vers votre main. »

théorie que je considère comme aussi fausse que celle de la gravitation.

La différence de réfrangibilité provient de la distance et de la place occupée dans l'espace par la source des radiations. En d'autres termes, de leur direction et de leur densité.

La terre, — cette masse de matériaux inorganiques, de corps inertes, — suit sa route dans l'univers, au milieu d'une mer d'éléments actifs (en chimie corps énergiques), car plus la matière est raréfiée, plus elle est active. Les radiations se croisent dans tous les sens et arrivent des profondeurs de l'océan céleste en exerçant sur les mondes qui les arrêtent au passage leurs propriétés motrices, lumineuses, caloriques et chimiques tout à la fois.

Le soleil n'est donc pas pour nous la source unique des radiations puisque chaque étoile est un soleil, qui nous envoie un flot de matière active, d'autant plus raréfiée — et par cela même d'autant plus active — que la source qui nous l'envoie est plus éloignée de nous. En arrivant à la terre toutes ces radiations s'y arrêtent et se superposent suivant leur degré de densité, en formant autour du globe des couches concentriques rendues visibles dans l'arc-en-ciel. (1).

---

(1) « Les astronomes grecs, selon Arago, ne connaissaient que des étoiles rouges et des étoiles blanches. Aujourd'hui que cette branche de l'observation est cultivée avec soin, on a reconnu dans la lumière des soleils, toutes les couleurs, toutes les nuances de l'arc-en-ciel. » GUILLEMIN, *Le Ciel*, p. 435.

Ces radiations ont naturellement différentes longueurs d'ondes, un degré différent de pouvoir calorique, lumineux, etc., elles ont aussi une couleur différente, attendu que chaque soleil ne nous envoie qu'une matière radiante, la matière active qui entretient la combustion à sa surface.

L'influx solaire nous apporte seulement une radiation. La matière raréfiée qui constitue cette radiation est l'OXYGÈNE.

La lumière solaire est donc une manifestation de l'oxygène. A l'état de lumière (mais non à l'état de radiation libre) elle est blanche, *indécomposable*, et efface de son éclat, pendant le jour, toutes les radiations stellaires diversement colorées.

Elle n'est nullement formée de la réunion des différentes radiations qui étalent leurs couleurs dans le spectre. (1)

Les radiations en s'arrêtant à la surface des

---

(1) Lorsque l'on fait tourner un disque sur lequel sont peintes les différentes couleurs du spectre, on ne laisse pas aux couleurs le temps d'impressionner la rétine, alors l'œil ne perçoit que la couleur blanche interposée entre le disque et la personne qui regarde; mais cette expérience ne prouve pas du tout que la réunion des sept couleurs fasse du blanc. Les sept couleurs mélangées sur une palette ne donnent pas du blanc.

Le spectre ne donne pas la décomposition de la lumière solaire puisque le spectre des étoiles ou celui des sources lumineuses artificielles, obtenu la nuit — alors que les radiations solaires ne peuvent pas arriver à l'endroit de la terre que nous occupons — nous montre les mêmes couleurs étalées dans le même ordre.

Ces couleurs et leur arrangement ne proviennent donc pas de la source, mais des couches colorées qui entourent la terre, et les raies noires qui les divisent seules changent de place, suivant le point de l'espace que nous explorons.

mondes y exercent une action lumineuse, motrice, calorique, chimique et électrique.

On a longtemps cherché quel est l'agent impondérable qui engendre les phénomènes électromagnétiques. Or, il n'existe pas de fluide si subtil, si insaisissable qu'il soit, qui ne puisse se matérialiser. Toute force peut devenir matière en changeant d'état, ou plutôt toute force est une manifestation de la matière. Tout fluide impondérable peut devenir un gaz qui peut se liquéfier et se solidifier, que l'homme en ait trouvé ou non le moyen.

Ne trouvant pas de matière dans l'électricité, on a parlé d'un ébranlement moléculaire. Dans ce cas, où est l'impulsion ? Quel est l'agent de cette impulsion ? Et comment se fait-il qu'un ébranlement moléculaire produise des actions chimiques qui ne peuvent avoir lieu que par l'intervention d'un corps comburant étranger à ceux sur lesquels cette action s'exerce ?

Cette impulsion, dans tous les cas, ne peut résulter que d'un changement d'état de la matière, d'une décomposition qui fait d'un corps inerte un corps actif, en mettant en liberté des éléments emprisonnés dans une combinaison, lesquels ont, à l'état naissant, des propriétés particulières.

La décomposition des corps s'opère de diverses manières, mais le plus généralement par la combustion. Nous devons mesurer la grandeur des effets produits à la force de l'impulsion ; donc, s'il s'agit d'une combustion à l'intensité du foyer, si les effets électro-magnétiques produits à la surface de la terre par les petites machines inventées par les hommes sont grands, combien doit être grand le foyer duquel émane la force que nous appelons l'électricité atmosphérique et le magnétisme terrestre, le foyer dans lequel a été donné à la matière l'impulsion qui l'a transformée en force!

Puisque l'astre vivifiant qui nous éclaire et régit notre système planétaire est un soleil *générateur d'oxygène*, puisque les radiations engendrent à la surface des mondes des phénomènes électriques, l'oxygène solaire est le principe de l'électricité (1).

Donc l'électricité comme la lumière est une des manifestations de l'oxygène.

Ce gaz à l'état naissant, au moment où il sort d'une combinaison, est animé d'un mouvement d'une vitesse incalculable qu'il ne perd dans l'espace que par la rencontre de corps qu'il ne peut traverser, et dans ou sur lesquels il s'accumule, ou par la rencontre d'un autre élément radiant avec lequel il se combine en s'arrêtant.

Donc le soleil répand autour de son foyer des radiations d'oxygène animées d'une force motrice

---

(1) On a beaucoup parlé de l'hydrogène qui brûle à la surface solaire et dont les flammes ont des milliers de lieues, mais je ne vois pas que les astronomes parlent jamais de l'oxygène solaire. Cependant sans oxygène l'hydrogène ne brûlerait pas. Donc l'analyse spectrale est en défaut ici, ou du moins les données qu'elle nous fournit ne sont pas des conclusions — et n'en seront pas tant que l'on n'aura pas donné une explication satisfaisante du *pourquoi* des raies spectrales.

incalculable et d'une puissance chimique immense. Ces radiations nous apportent la lumière et l'électricité qui engendre la chaleur.

Kepler disait il y a déjà deux siècles : « Le soleil est le modérateur suprême des corps célestes; cet astre qui échauffe et éclaire l'univers est doué, en outre, *d'une vertu motrice qui se répand avec une grande célérité dans l'immensité de l'espace, pour animer les planètes* et les enchaîner dans leur orbite ; cette vertu se propage en ligne droite et décroît avec la distance. »

Mais étant donné le nombre considérable d'étoiles qui peuplent l'immensité de l'espace, il est facile de concevoir qu'il doit en exister d'autres parmi celles que nous admirons pendant nos belles nuits sereines (et peut-être même beaucoup) qui sont, comme notre soleil, des foyers et des sources d'oxygène.

Et comme ce que Kepler dit de notre soleil est applicable à tous les soleils, il faut nécessairement en conclure qu'ils sont tous doués *d'une vertu motrice qui se répand avec une grande célérité dans l'espace.* Seulement le mouvement au lieu de décroître avec la distance s'accélère, au contraire, en vertu de la raréfaction de la matière d'abord, et ensuite du principe de mécanique qui dit que la vitesse d'un mouvement rectiligne s'accélère avec la distance.

Mais si le mouvement, c'est-à-dire la force motrice s'accélère en raison de la raréfaction, la puissance chimique, l'action comburante décroît.

Donc les phénomènes chimiques engendrés par l'oxygène stellaire — c'est-à-dire celui qui nous arrive en radiant de certaines étoiles — sont différents et beaucoup moins puissants que ceux engendrés par l'oxygène solaire, plus dense, parce qu'il nous vient d'une source plus rapprochée (1).

Nous vivons donc sur la terre entre deux oxygène de densités différentes, dont l'un vient d'une source unique et l'autre de sources multiples, et dont les propriétés physiques et chimiques ne sont pas les mêmes. Ils oxydent les métaux ou les métalloïdes et les corps organisés qu'ils pénètrent, chacun à leur manière. Je suppose que c'est l'oxygène le moins condensé, l'oxygène *stellaire* qui entre dans la composition des oxydes basiques, tandis que c'est l'oxygène *solaire* qui forme les oxydes acides.

Ces deux oxygènes, en radiant dans des directions différentes, se rencontrent en sens inverse à la surface de la terre où ils engendrent les phénomènes électro-magnétiques qui ont été observés. Ils constituent divers courants (*radiants*, donc impondérables et mis en évidence seulement par leur action chimique et mécanique), l'un tombant pendant le jour, plus ou moins perpendiculaire-

(1) La couleur blanche est celle de la très-grande majorité des étoiles, et je la considère comme caractérisant les soleils qui nous envoient des radiations d'oxygène. Mais la distance de ces soleils étant très-différente par rapport à nous, ces radiations, quoique formées du même élément, doivent avoir des degrés de tension différents.

ment sur la terre, suivant la situation sous le soleil du point que l'on observe, l'autre agissant de même pendant toute la nuit et même une partie du jour.

Les courants d'oxygène solaire constituent l'électricité qu'on devrait appeler *positive*; les courants d'oxygène stellaire constituent l'électricité qu'on devrait appeler *négative*. Cependant le mot *négatif* étant généralement appliqué au fluide terrestre, il me semble préférable d'appliquer aux courants cosmiques le nom de la source que nous leur supposons. On donne déjà le nom de *géotropisme* à l'action des radiations terrestres et celui d'*héliotropisme* à l'action des radiations solaires. Je propose celui de *stellotropisme* pour exprimer l'action des radiations stellaires.

Ces mots expriment l'unité des forces physiques, les radiations étant tout à la fois lumineuses, calorifiques, chimiques et motrices (c'est-à-dire électriques).

Les radiations terrestres proviennent soit de la décomposition lente mais constante, à la surface de la terre ou dans le sol, des composés oxygénés, principalement de l'eau, soit de la répercussion des courants atmosphériques, répercussion manifestée en optique par les rayons réfléchis.

Un fluide émané d'un foyer où il est mis en liberté et où il reçoit l'impulsion qui lance dans l'espace ses radiations, est animé d'un mouvement *rectiligne* et *accéléré*. C'est-à-dire que plus il s'éloigne de sa source plus son mouvement de propagation est rapide. En même temps sa puissance chimique diminue.

L'accélération du mouvement s'explique par le principe de physique formulé en ces termes : *Une force constante, agissant seule sur un point matériel entièrement libre, lui imprime un mouvement uniformément accéléré.*

On peut supposer (car la formule ne donne pas la cause) que les premières vibrations ayant à lutter avec les éléments radiants qui remplissent l'univers sont obligées de les repousser, de balayer pour ainsi dire le chemin qu'elles parcourent, lequel se trouve libre pour les molécules suivantes qui, alors, peuvent se dilater davantage et s'accélérer puisque la vitesse du mouvement est en rapport avec la raréfaction de la matière.

Lorsqu'un corps reçoit une impulsion qui le lance dans l'espace il se trouve animé, à la sortie de son foyer, d'un mouvement initial qui le pousse en ligne droite. Le mouvement une fois acquis se perpétue indéfiniment si un obstacle ne l'arrête. Cette première vibration se répand dans l'espace, en rayonnant autour de son centre, avec la vitesse du mouvement initial. Mais si, à cette première secousse en succède une seconde, celle-ci, animée à sa sortie du foyer d'un mouvement plus rapide, parce qu'elle a trouvé la voie plus libre, s'en ira, dans l'espace, en repoussant devant elle la première vibration émise. Cette seconde impulsion donnée à la première vibration fait qu'elle se trouve animée d'un mouvement double, le mouvement primitif qui ne s'arrête jamais, une fois acquis, et le mouvement secondaire; elle va donc se propager deux fois plus vite. A cette seconde vibration en succède une troisième qui, à son tour, animée d'un mouvement plus accéléré, imprime à la seconde une force d'impulsion que cette seconde transmet à la première, qui se trouve ainsi animée d'un mouvement triple, et ainsi de suite. Si bien que plus une vibration est éloignée de sa source, plus elle s'en trouve séparée par un nombre de vibrations qui lui ont succédé, et lui ont imprimé, chacune, une impulsion nouvelle qui a augmenté sa vitesse première; donc, plus elle est éloignée de son foyer, plus son mouvement de propagation est rapide.

Mais en même temps que le mouvement s'accélère, la matière se raréfie par la dispersion. Elle perd donc, peu à peu, en se répandant dans l'espace, ses propriétés chimiques. Ceci vous explique pourquoi un des deux courants électro-magnétiques est surtout moteur, tandis que l'autre est surtout comburant; c'est-à-dire pourquoi l'un agit surtout mécaniquement, tandis que l'autre agit surtout chimiquement.

Si je m'étends ici sur un sujet qui semble exclusivement du domaine de l'astronomie et de la physique, c'est parce que toutes les sciences naturelles se touchent et s'enchaînent, et que pour expliquer la formation des végétaux et des animaux, il faut partir du point de départ : l'origine de la vie à la surface terrestre. Or, pour parler de l'origine de la vie, il faut parler de l'oxygène.

En effet, sans ce gaz, dont la source est extra-terrestre, la vie n'existerait pas dans notre petit monde. Si même l'oxygène ne nous arrivait que d'une source unique, (c'est-à-dire possédait toujours le même degré de tension et les mêmes propriétés), les mêmes phénomènes vitaux qui se produiraient, — s'il s'en produisait, — seraient tellement différents de ceux que nous connaissons qu'il nous est impossible de les concevoir. De même que nous ne pouvons pas concevoir de phénomènes électro-chimiques produits par un courant unique provenant de la décomposition d'un seul métal, zinc ou cuivre. C'est la rencontre de divers courants *du même élément*, à des degrés différents de tension, de puissance chimique et de force motrice qui produit, lorsqu'ils sont mis en présence, une combinaison qui est l'origine du phénomène que nous appelons *la vie*. Ils donnent à la matière qui s'organise (ou qu'*ils* organisent), un mouvement qui est le commencement de la circulation nerveuse; ils lui donnent une impulsion qui se perpétue pendant tout le cours de l'existence de l'individu et se transmet à toute sa descendance.

La vie n'est donc, en définitif, qu'une combinaison d'oxygène avec de l'oxygène, combinaison accomplie au sein d'un plasma fait de carbone, d'air et d'eau.

Lorsqu'une molécule d'oxygène solaire rencontre

dans l'espace une molécule d'oxygène stellaire, il résulte de leur combinaison de l'ozone. L'union de ces deux courants radiants forme, pour ainsi dire, des gouttes gazeuses d'ozone, comme la combinaison de deux gaz, — oxygène et hydrogène, par exemple, forme des gouttes liquides.

Cet ozone, qui nage dans l'espace, donne à l'horizon céleste sa couleur bleue.

C'est là une des manifestations les plus intéressantes de l'oxygène.

Mais, dans la combinaison, les deux éléments perdent leur vertu motrice. Ils cessent d'être impondérables puisqu'ils cessent d'être *radiants*. Deux éléments actifs qui se combinent sont deux forces qui capitulent.

Il résulte de ceci que toutes les radiations d'oxygène libre arrivent à la terre à l'état de courants électro-magnétiques qui ne s'arrêtent dans leur course que lorsqu'ils rencontrent une molécule de même gaz, venant en sens inverse, avec laquelle ils se combinent, ou un obstacle qu'ils ne peuvent franchir.

La terre constitue un obstacle formidable. Or, un des caractères les plus importants et les plus intéressants de la matière radiante est de produire de la chaleur lorsque les molécules de l'élément raréfié s'accumulent à l'endroit où elles s'arrêtent. La chaleur produite est en relation avec le travail perdu, avec la vitesse annulée.

Par cet arrêt la matière passe de l'état radiant à l'état gazeux.

Il existe donc autour de la terre de l'oxygène gazeux, c'est-à-dire formé de molécules *arrêtées* et *accumulées*, et de l'oxygène radiant qui arrive incessamment du soleil ou d'autres astres, et dont la vertu motrice imprime à la couche gazeuse déjà formée une pression plus ou moins forte, suivant que l'impulsion terrestre qui s'exerce en sens inverse — le géotropisme — est elle-même plus ou moins puissante. C'est la pression barométrique. (1).

Le froid qu'on éprouve sur les hauteurs est la conséquence naturelle de ce phénomène. Là où les radiations ne s'arrêtent pas il n'y a pas production de chaleur, et elles ne s'arrêtent que lorsqu'elles rencontrent un obstacle, donc le plus près possible de la surface terrestre. Le milieu est donc d'autant plus chaud qu'il est plus près de la terre, d'autant plus froid qu'il en est plus éloigné ; mais en même temps, il est d'autant plus électrisé, c'est-à-dire

---

(1) Le *poids de l'atmosphère*, cette cause que l'on invoque dans l'ignorance des causes réelles, est une chimère.

Les gaz qui composent l'atmosphère, en vertu de leur élasticité, doivent avoir une tendance à se dilater, donc à se répandre dans l'espace libre. L'espace n'est pas libre du côté de la surface terrestre ; il est libre, au contraire, du côté de la limite atmosphérique. Les gaz se dilateraient donc *indéfiniment* de ce côté si l'action motrice des radiations ne les maintenait enchaînés autour de la terre.

La terre n'exerce aucune attraction sur les gaz ; elle exerce, au contraire, une action motrice faible — le géotropisme — qui leur imprime un mouvement ascensionnel.

Cette force indique qu'un travail chimique de décomposition, qui s'opère dans les couches terrestres, est une source de radiations.

d'autant plus rempli de *radiations motrices, non caloriques*, puisque la chaleur n'apparaît que lorsque le mouvement cesse.

Le *mal des aéronautes* ne se fait sentir en ballon qu'à une hauteur beaucoup plus considérable que le *mal des montagnes* parce que le ballon qui est placé au-dessus de la nacelle est lui-même un obstacle qui arrête les radiations. En s'y arrêtant elles produisent de la chaleur et passent à l'état gazeux en même temps que leur mouvement de propagation cesse, ce qui constitue autour du ballon une petite atmosphère rappelant celle qui se forme autour de la terre, et met à l'abri de la trop forte pression des radiations ceux qui sont dans la nacelle. C'est ainsi qu'on peut s'élever en ballon à la hauteur de 4,000 mètres, tandis que les voyageurs qui font l'ascension des montagnes sans *abri sur leur tête*, ne peuvent supporter l'action motrice des radiations à une hauteur qui varie entre 2,000 et 3,000 mètres.

Cependant l'évanouissement dans lequel tombent les aéronautes qui s'élèvent à de pareilles hauteurs provient, probablement, de ce qu'ils ne trouvent plus, à cette distance de la terre, la tension d'oxygène qui est nécessaire à leur existence, et non pas de la pression imprimée par les radiations, puisqu'ils en sont, en partie, préservés par l'hydrogène qui remplit le ballon.

Donc les modifications de la pression barométrique s'exercent simultanément avec les modifications de l'état thermométrique et électrique de l'air. Les unes sont la conséquence des autres.

Nous pouvons donc résumer en un mot l'action des radiations :

C'est *la force.*

Voyons maintenant comment cette force agit.

L'oxygène radiant qui nous arrive du soleil tombe sur la terre perpendiculairement ou obliquement. Perpendiculairement sur l'équateur, obliquement sur les pôles. Relativement le rayon est toujours, dans quelque point de la terre que l'on se trouve, perpendiculaire à midi (ou rapproché de la ligne perpendiculaire); oblique avant midi dans un sens, après midi dans l'autre.

Pendant que les radiations d'oxygène solaire enveloppent l'hémisphère terrestre qui est tourné du côté du soleil, les radiations stellaires enveloppent tout l'hémisphère terrestre qui est plongé dans la nuit. Cependant ces radiations ne sont pas séparées par une ligne de démarcation coupant la terre en deux moitiés. Les radiations stellaires nous arrivent de sources multiples dans toutes les directions — et frappent la terre de tous les côtés.

Lorsque les radiations solaires agissent dans la même direction que les radiations stellaires — c'est-à-dire tombent sur la terre perpendiculairement à sa surface — ce qui arrive au milieu du jour, le mouvement de propagation des radiations solaires se trouve accéléré parce que les radiations stellaires qui viennent des profondeurs de l'espace qui sont situées derrière le soleil impriment à ses radiations le mouvement dont elles sont douées elles-mêmes, en vertu du principe de physique qui dit que *l'action d'une force sur un point matériel est indépendante du mouvement dont ce point est animé ; elle est la même que si le point était en repos.* Donc la radiation solaire, dans cette situation, se trouve activée de toute la force qui la pousse, mais alors son activité chimique diminue.

Ce mouvement, qui commence vers dix heures du matin et s'étend jusque vers quatre heures du soir dans les longs jours, atteint son maximum vers une heure. C'est pour nous un moment d'engourdissement qui prouve que nous avons besoin pour activer notre vie d'une radiation solaire plus lente, mais plus dense, et telle qu'elle était, sans doute, dans les âges passés de la terre, alors que le foyer solaire était plus intense. Le matin et le soir la radiation solaire est oblique. Non seulement elle n'est pas activée pour nous dans cette situation mais elle est, au contraire, retardée par la force verticale qui règne autour de la terre, et qu'elle a à vaincre pour nous arriver ; elle est plus lente et plus dense.

La croissance de l'arbre, et, par conséquent, la forme qu'il prend, est soumise à l'action directrice de toutes ces forces. Elle est retardée pendant les heures du jour où les radiations sont plus accélérées, elle s'active dans le cas contraire. Les radiations stellaires sont rapides pendant la nuit et pendant la journée aux heures où elles ne sont pas contrariées par l'action oblique du soleil. On peut donc donner comme une loi générale que les radiations exercent une action retardatrice sur la croissance de la plante. (1)

Mais il faut tenir compte de la résistance que la plante elle-même oppose aux radiations. La plante, comme tout ce qui vit, du reste, est elle-même un foyer de radiations ; suivant sa nature chimique elle absorbe ou rejette certains rayons. Ceux qu'elle rejette n'ayant pas d'action sur elle, on ne peut tenir compte que de l'action de ceux qu'elle absorbe. Chaque espèce de plante se comporte d'une manière différente dans cette occasion, mais toutes, en général, absorbent en grande quantité les radiations d'oxygène que le soleil nous envoie. Il y a cependant entre elle des degrés qui les séparent chimiquement, et en vertu desquels elles sont dites *positivement* ou *négativement* héliotropiques.

Irradiée latéralement à *l'optimum d'intensité*, une plante donnée incline plus ou moins sa tige suivant sa constitution chimique. Si l'héliotropisme l'emporte sur l'action combinée de la pesanteur et des radiations terrestres, la plante est électro-positive, l'action solaire étant liée à l'action motrice de l'électricité atmosphérique. Si le géotropisme l'emporte, la plante est électro-

---

(1) « M. Van Tieghem, qui n'a pas aperçu toutes ces causes, pose à ce sujet un point d'interrogation, dans son *Traité de Botanique*. Il dit :

« Dans l'état actuel de nos connaissances, il est impossible d'expliquer par quel mécanisme s'opère l'action modificatrice de la pesanteur sur la croissance. Toujours est-il qu'une théorie du géotropisme devra nécessairement expliquer du même coup le géotropisme positif et le géotropisme négatif ».

négative; sa croissance étant liée à l'action motrice de l'électricité négative du sol. Toutes les plantes sarmenteuses, toutes les tiges qui s'allongent sans se ramifier sont géotropiques.

Revenons à l'action chimique des radiations.

« Nous savons déjà, dit M. Van Tieghem, que la radiation dont le foyer principal est le soleil, exerce sur la plante une puissante action. Une certaine partie de cette radiation est, en effet, indispensable à l'exercice même de la vie. C'est, en général, l'ensemble des radiations thermiques obscures les moins réfrangibles, où la vibration est lente et la longueur d'onde considérable ; pourtant, certaines plantes exigent pour vivre des vibrations plus rapides et lumineuses. Pour n'être pas nécessaire à la vie générale les autres parties de la radiation totale, comprenant les radiations de moyenne et de grande réfrangibilité, c'est-à-dire les vibrations de moyenne et de grande rapidité, n'en exercent pas moins sur la plante une grande influence qui se traduit souvent par des phénomènes nutritifs de la plus haute importance. »

C'est grâce à cette intervention de la radiation dans la nutrition que nous trouvons dans la plante des matières qui ne lui ont pas été données à l'état d'aliment, c'est-à-dire à l'état liquide ou gazeux, mais qui ont été absorbées par elle à l'état de radiations. La matière impondérable, tant qu'elle est douée de mouvement devient pondérable aussitôt que son mouvemement s'arrête, et il s'arrête toujours quand la radiation est absorbée. La plus grande partie de l'oxygène dont la plante se nourrit est absorbée à l'état de radiation solaire, en d'autres termes à l'état de courants électriques.

« La radiation solaire qui tombe sur la plante, dit M. Van Tieghem, pénètre en partie dans son corps et y est en partie absorbée. Il est évident qu'elle n'agit sur lui que dans la proportion même où elle y pénètre et où elle y est absorbée. Toute la radiation qui est réfléchie ou transmise est sans action. Or, si nous négligeons certains effets accessoires pour nous en tenir à ce qui est essentiel, nous voyons que la radiation solaire totale, en s'absorbant en partie dans le corps de la plante, y produit trois effets différents : 1° Un effet thermique : la température du corps s'élève peu à peu ; 2° un effet mécanique ; certaines parties du corps de la plante ou même le corps tout entier se trouve déplacé et mis en mouvement ; 3° un effet chimique ; certaines substances se trouvent décomposées, pendant que d'autres se forment à la suite de combinaisons nouvelles.

L'effet thermique est nécessaire, comme nous l'avons vu plus haut. Les deux autres actions, bien que très-utiles à la plante, *ne sont pas indispensables à sa vie actuelle.* »

L'effet chimique des radiations solaires, aujourd'hui amoindri, avait dans les premiers âges de la terre une puissance considérable. Son action oxydante engendrait les grandes modifications qui transformaient les tissus. C'est sous son action que l'amidon, en passant par un état intermédiaire, — glucose, saccharose ou dextrine, — arrivait à former la matière adipeuse qui donnait à la plante la souplesse animale.

Mais la radiation solaire n'est pas la seule dont nous devions étudier l'action chimique. Les radiations stellaires nous apportent des éléments divers reconnaissables d'abord à leur couleur, à leur action chimique ensuite (1).

Lorsqu'une étoile est visible pour nous, ses radiations sont arrivées à notre œil, — et s'y sont arrêtées, — or, toute matière radiante qui s'arrête passe à l'état gazeux, — et à l'état gazeux elle exerce son action chimique. « Sur les parties aériennes de la plante, dit M. Van Tieghem, les gaz de l'atmosphère se condensent énergiquement et forment une couche très-fortement adhérente et souvent très-épaisse. » Cette couche doit être composée de zônes concentriques disposées dans le même ordre que dans l'arc-en-ciel.

Et c'est en effet ce qui arrive, car cette couche

---

(1) Les étoiles ont chacune une couleur propre et constante qui révèle des différences réelles dans la nature même de leur lumière, donc dans la nature de l'élément actif qui entretient la combustion à leur surface. Sirius, Véga, Régulus, l'Epi sont parfaitement blanches. Bételgeuse, la plus brillante étoile d'Orion et Aldébaran ont une teinte rouge prononcée. Parmi les étoiles isolées de teinte rougeâtre, citons Arcturus, Antarès et une étoile de la baleine, la fameuse Mira. Procyon, la Chèvre, la Polaire sont jaunes, Castor est verte, Êta et la Lyre sont d'un bleu prononcé.

est rendue visible pour nous chaque fois que nous atténuons l'éclat de l'oxygène solaire, en l'absorbant, dans un prisme de verre, par exemple.

La plante absorbe donc des matières, autres que l'oxygène, qui lui ont été données à l'état de radiations. Ces matières ne peuvent être que celles dont nous trouvons l'énumération dans la nomenclature des corps simples, mais plus particulièrement les métalloïdes, probablement.

Comme preuve à l'appui de ceci, nous pouvons citer cet exemple : « On a trouvé vingt à trente milligrammes de silicium dans un plant de maïs nourri dans un milieu qui n'en contenait pas. On a cherché à expliquer ce fait à l'aide des poussières atmosphériques, — ce qui, du reste, confirme ma théorie, car d'où viennent les poussières atmosphériques, sinon des radiations.

Pour démontrer l'influence des radiations nocturnes, on peut encore rappeler la façon dont s'opère la multiplication des cellules dans les grandes espèces du genre *spirogyra*. « Pour y observer des divisions, dit Sachs, il est nécessaire de saisir, *vers minuit*, des filaments en voie de végétation active et de les placer dans de l'alcool étendu pour les étudier plus tard, car c'est seulement la nuit que s'opère la segmentation des cellules (1). »

---

(1) « Pendant le jour, dit M. Van Tieghem, une cellule de spirogyre assimile et amasse une réserve, mais ne croît pas et ne se cloisonne pas ; pendant la nuit, elle croît et se cloisonne en dépensant sa réserve, mais n'assimile pas ».

L'action des radiations nocturnes n'est pas révélée par les observations spectrales. Ces radiations s'étendent au-delà du spectre où elles forment un groupe de rayons assez réfrangibles qui n'agissent ni sur les sels d'argent ni sur les substances fluorescentes. Ces radiations nocturnes qui influencent si fortement la croissance des plantes ont été appelées *rayons végétaux*. Il me semble que l'on peut expliquer, — en partie au moins, — l'interposition de substances minérales dans les membranes cellulaires par l'absorption des radiations. « Dans le cours de son développement, dit Sachs, des substances minérales s'introduisent à l'intérieur de toute membrane cellulaire. Parmi ces substances, la chaux et la silice s'aperçoivent directement ; mais il n'est pas douteux que la potasse, la soude, la magnésie, le fer, l'acide sulfurique, etc., ne s'y rencontrent aussi en petite quantité. Avec l'âge ce sont surtout les sels de chaux et les silicates qui s'y accumulent. L'interposition peut avoir lieu de deux manières. Ordinairement, de très-petites particules de substances minérales se trouvent régulièrement et uniformément interposées entre les molécules de la substance organique de la membrane, ce que l'on reconnaît à ce caractère, qu'après l'incinération les cendres conservent, en quelque sorte, le squelette de la cellule. »

Pour comprendre tous les phénomènes de l'innervation, dont nous allons bientôt nous occuper, et surtout l'origine du système nerveux qui provient d'une relation intime établie entre la plante et le milieu, il faut, avant tout, considérer la position des végétaux entre les diverses radiations qui leur arrivent au début même de leur formation. L'innervation, qui est le principe même de la vie, l'essence de la vie, sa principale et sa première manifestation, a des degrés d'intensité et produit des effets divers qui résultent de ce que les êtres organisés, de même que les corps inorganiques, se laissent influencer de préférence par l'un ou l'autre des fluides qui constituent les courants électro-magnétiques. Les causes qui déterminent cette préférence sont exclusivement du domaine de la chimie.

Nous avons dit que dans le monde inorganique l'oxygène solaire forme des composés acides et l'oxygène stellaire des composés basiques ; nous retrouvons, dans le monde organisé, ces deux états du même élément dans le dualisme nerveux engendrant, soit des facultés sensitives, soit des facultés motrices. Nous retrouvons dans l'organisme ces deux courants représentant l'un l'action, l'autre la sensibilité.

Il suffit de considérer une sphère terrestre pour comprendre que si les deux courants s'équilibrent à l'équateur magnétique où les jours et les nuits sont à peu près d'egale durée, il en est tout autrement dans les autres régions du globe. En effet, pendant qu'à l'équateur les plantes et les animaux sont baignés alternativement dans l'oxygène solaire pendant douze heures du jour et dans l'oxygène stellaire pendant douze heures de nuit, dans les régions polaires ils subissent de longues périodes de lumière et de longues périodes d'obscurité qu'on ne peut plus appeler des jours et des nuits. Là, les plantes et les animaux sont soumis au régime d'un seul oxygène régnant pendant presque toute l'année. Ils doivent donc acquérir les facultés que ce fluide engendre à un haut degré, mais posséder à peine celles qu'engendre l'oxygène qui leur manque pendant de longs mois. Les individus nés sous l'équateur posséderaient, au contraire, un système nerveux plus équilibré, si l'électricité terrestre, intense dans les régions tropicales, le géotropisme, n'amenait des complications d'un autre ordre. Les individus formés sous d'autres latitudes possèdent un excès de l'un des deux ordres de facultés. Plus on s'éloigne de l'équateur et plus la différence s'accentue. Arrivé aux régions polaires l'un des deux systèmes prédomine, seulement il faut remarqur qu'un système domine au pôle nord et l'autre au pôle sud. Cette prédominance d'un fluide électro-magnétique à un pôle et de l'autre au pôle opposé est le résultat de la direction des forces magnétiques. L'aiguille aimantée dont on peut dire que chacun des pôles représente un des deux systèmes nerveux, puisque chacun des deux obéit à l'attraction d'un des deux fluides, l'aiguille se place aux pôles dans une position perpendiculaire à la terre, en tournant vers elle un de ses pôles, différent dans chaque hémisphère.

Le fluide positif domine dans l'hémisphère nord, le fluide négatif domine dans l'hémisphère sud.

Nous aurons à revenir sur tous ces détails lorsque nous nous occuperons des agents physiques qui engendrent les différences de races (1).

Étant données les différentes propriétés physiques et chimiques des deux courants magnétiques, il doit en résulter dans les individus des différentes régions terrestres de grandes différences physiologiques. Mais ces différences ont dû être bien plus grandes encore entre les individus formés à différentes époques, car si les propriétés physiques et chimiques des radiations dépendent de la distance et de l'intensité du foyer qui les émet, il est évident que lorsque le foyer solaire était plus intense qu'aujourd'hui il envoyait à la terre des radiations dont les propriétés étaient autres.

---

(1) Indépendamment des différences qui peuvent être engendrées par la différence de tension de l'oxygène atmosphérique dans les deux hémisphères, il faut encore tenir compte de la différence chimique des radiations stellaires qui sillonnent le ciel austral et le ciel boréal. Ainsi, par exemple, il y a dans le ciel austral un groupe composé d'une multitude d'étoiles qui sont toutes bleues — donc l'élément que ces radiations bleues apportent à la végétation de l'hémisphère austral doit lui donner des caractères qui ne se retrouvent pas dans la végétation de l'hémisphère boréal. Et ces différences caractéristiques se perpétuant dans les animaux doivent y déterminer des différences de race. Dans un groupe remarquable, situé dans la Croix du sud, et composé de cent dix étoiles, deux sont rouge vermeil, une d'un bleu verdâtre, deux sont vertes et trois autres sont d'un vert plus pâle. « Les étoiles qui le composent, dit Herschel, vues dans un télescope d'une ouverture assez grande pour distinguer les couleurs, font l'effet d'un écrin de pierres précieuses polychrômes ». Toutes ces radiations colorées n'arrivent jamais à l'hémisphère boréal.

Il faut supposer que leur mouvement de propagation était plus lent (puisque le mouvement s'accélère avec la raréfaction) mais que leur action chimique était plus intense.

Donc l'état thermométrique, barométrique, électrique et chimique de l'atmosphère, qui existait aux époques où les êtres organisés ont passé de l'état végétal à l'état animal, différait essentiellement de ce qu'il est aujourd'hui.

L'action chimique modifiait les tissus en les faisant passer de l'état ligneux et amylacé qui caractérise les végétaux, à l'état de tissu musculaire et adipeux qui caractérise les animaux, (ce que, du reste, nous pourrions encore produire par des artifices de laboratoire). L'action mécanique réduisait les proportions de la plante en imprimant une forte compression à tous les axes placés verticalement. La tension électrique devait avoir une intensité dont nous ne pouvons nous faire aucune idée.

M. Paul Bert, qui a aperçu le rôle important que la pression a dû remplir dans la formation des animaux, dit : « Enfin, si pour les animaux aériens, comme pour les animaux aquatiques, nous considérons, non plus l'époque actuelle, mais les âges géologiques, *tout nous donne à penser que la pression barométrique a dû jouer un rôle important dans l'apparition et dans la modification de la vie à la surface du globe.* Aux premiers âges de notre planète, en effet, la tension de l'oxygène devait être beaucoup plus forte qu'aujourd'hui, pour deux raisons, l'atmosphère était plus haute et sa richesse en oxygène plus forte ». (1)

Le milieu dans lequel nous avons été créés n'est donc pas celui dans lequel nous vivons. Tout le prouve, l'histoire géologique de la terre, l'histoire astronomique du ciel, notre histoire physiologique, et surtout l'état de malaise, de souffrance, presque constant dans lequel nous vivons actuellement, état résultant de la lutte que nous soutenons avec des forces qui ne sont plus en harmonie avec nos organes formés dans un autre milieu et habitués, dans le passé de la famille que nous représentons, à fonctionner dans d'autres conditions. (2)

---

(1) « La pression barométrique et la proportion centésimale de l'oxygène n'ont pas toujours été les mêmes sur notre globe. La tension de ce gaz a vraisemblablement été, et continuera, sans doute, d'aller en diminuant. C'est là un facteur dont on n'a pas encore tenu compte dans les spéculations biologiques. La puissance de réaction contre ces diverses modifications conduit à supposer que les êtres microscopiques ont dû apparaître les premiers et qu'ils disparaîtront les derniers lorsque la vie s'éteindra faute d'oxygène. »

Paul Bert, *La Pression barométrique.*

(2) La théorie résumée dans ces quelques pages ne peut pas être développée dans un livre de physiologie. Je ne donne donc ici que tout juste ce qu'il faut pour faire comprendre l'origine de la morphologie végétale.

Je donnerai dans un ouvrage spécial les développements et les preuves de la théorie que j'avance et qui est aussi révolutionnaire dans le domaine des sciences physiques que ce livre est révolutionnaire dans le domaine des sciences naturelles.

ACTION MAGNÉTIQUE

LA DIRECTION DES ARBRES

Nous avons vu que le ralentissement ou l'accélération du mouvement de croissance de l'arbre, ainsi que sa ramification — c'est-à-dire ses courbures héliotropiques — dépendaient de l'attraction exercée par les radiations solaires sur la matière protoplasmique, qui, en les suivant dans l'espace, se multipliait dans différentes directions. Le mouvement de croissance de l'arbre, la division et la direction de ses membres, sont donc déterminés par une action magnétique, et nous devons même considérer le mouvement de croissance des animaux comme la continuation de ce phénomène, quoique la cause qui l'engendrait dans les plantes ne pouvant plus agir sur les animaux, nous sommes ici en présence, non d'un effet direct, comme ceux qui se produisent dans la vie des plantes, mais d'un effet transmis.

Après le mouvement de croissance il en est un autre d'une importance capitale, dû également à l'action magnétique, c'est le refoulement de l'axe de la tige primaire qui détermine *la direction* des arbres, et, en même temps, laisse d'un côté du corps une grande cavité où viendront se loger les viscères de l'animal.

Le tronc devient dorsiventral (1).

La force qui agit latéralement sur les végétaux, en rasant, pour ainsi dire, la surface terrestre — force lente, mais constante — est, en même temps, celle qui préside aux reliefs du sol.

Pendant que nous voyons tous les arbres sollicités à se porter vers un point qu'ils ne peuvent atteindre, à cause de l'enracinement qui les fixe au sol, mais qui déplace leur axe, incline leurs branches et, quelquefois, leur imprime des mouvements de torsion qui les font virer à droite ou à gauche (2).

---

(1) « Ainsi dans la sélaginelle, le lierre, la capucine, c'est toujours la face la plus éclairée qui devient dorsale, la face la moins éclairée qui devient ventrale. Tantôt la dorsiventralité une fois établie est irrévocable et ne peut plus être modifiée par le renversement de la cause qui l'a produite; tantôt, au contraire, on peut la renverser sur chaque branche en faisant agir la lumière en sens inverse sur l'extrémité en voie de croissance ». » VAN TIEGHEM.

(2) Les mouvements de torsion se reproduisent fidèlement dans la vie embryonnaire. On remarque une torsion de l'embryon sur son axe longitudinal, très prononcée à un certain moment. « Il y a un stade, dit Kölliker, auquel l'embryon repose sur la vésicule blastodermique, de telle façon que la tête vue de haut s'offre de profil et présente la face gauche, tandis que la partie moyenne du corps tourne de plus en plus le dos à l'observateur; dans la seconde moitié du corps, le dos arrive à regarder directement en haut, la face ventrale en bas. L'extrémité postérieure elle-même est souvent à son tour couchée sur le flanc, et elle présente alors, dans la suite du développement, la trace d'un enroulement en spirale que j'ai trouvé tellement prononcé chez le lapin, que l'extrémité caudale la plus reculée était recourbée en hameçon, tandis que chez le chien et le veau il n'y a rien d'important à mentionner sous ce rapport. L'enroulement spiral et les flexions céphaliques et caudales persistent quelque temps après leur entière production; puis l'embryon s'étend de nouveau; la spire se déroule la première et la flexion sur l'axe transverse s'efface à son tour, bien que demeurant encore indiquée longtemps ». (KÖLLIKER, Embryologie, p. 266.)

nous voyons toutes les molécules de matière libre à la surface terrestre, se déplacer insensiblement dans la même direction, et s'en aller former, en s'agglomérant, des ondulations sur le sol, puis des collines et, enfin, d'immenses chaînes de montagnes. Si bien que les reliefs de l'écorce du globe se résument en une série de pressions latérales, exercées toujours dans la même direction, de l'ouest à l'est: (direction qui est aussi celle des bourrasques et, par conséquent, des vents qui en résultent).

Les montagnes ainsi formées ont d'un côté un versant abrupte qui s'enfonce brusquement dans la mer, lorsque ce sont des chaînes côtières, et, de l'autre, un versant formé par une dépression douce, qui, après plusieurs lieues d'inclinaison, va former de grandes plages qui s'étendent au loin dans l'océan. Partout où l'on peut observer les reliefs continentaux on retrouve cette disposition.

Les lois mécaniques qui président aux reliefs du sol président également à toute manifestation morphologique à la surface de la terre.

A quoi faut-il attribuer cette action motrice qui s'exerce de l'ouest à l'est? Evidemment au mouvement de translation de la terre autour du soleil, lequel *pousse* le globe de l'est à l'ouest.

Cette action est encore due aux radiations solaires. Le soleil tourne sur lui-même, donc ses radiations, qui sont une force motrice rectiligne, impriment à tout le système solaire, en tournant elles-mêmes, un mouvement de rotation autour du soleil (1).

La terre, en s'enfonçant le soir dans la nuit, rencontre, du côté de l'est, *la force* qui la pousse dans son orbite, et tous les corps susceptibles de déplacements à sa surface — plus légers que la masse terrestre — opèrent un imperceptible changement de place que l'action des siècles accumule.

Cependant les végétaux ne se soumettent pas à cette impulsion aussi aveuglément que les corps inorganiques, puisque les radiations solaires exercent, au contraire, sur ceux qui sont positivement héliotropiques, une action attractive. Mais, soit en portant l'axe en avant, soit en le portant en arrière, l'action de la radiation latérale qui s'exerce le soir après le coucher du soleil, modifie toujours la symétrie de la plante. « Un plan dirigé suivant l'axe perpendiculaire au plan de symétrie, dit M. Van Tieghem, partage le corps en deux moitiés diversement conformées ; une moitié *dorsale* et une moitié *ventrale ;* ce que l'on exprime souvent en disant que le corps est dorsi-ventral. »

---

(1) Le soleil tourne sur son axe en 25 jours 1/2. Mais pour les planètes, que dans ce mouvement de rotation les radiations entraînent, ce temps est plus ou moins long, suivant que les radiations sont plus courtes ou plus longues. Pendant que le soleil tourne une fois sur son axe en 25 jours 1/2, il s'est écoulé sur la terre 27 jours 12 heures. Sur les planètes plus éloignées un temps bien plus long — et d'autant plus long qu'elles sont plus éloignées.

Quelques auteurs ont pensé que la direction des arbres est déterminée par la lumière, et qu'ils se tournent vers le midi (1).

Cela n'est pas exact puisque beaucoup d'arbres poussent dans des directions opposées l'une à l'autre et semblent se regarder. La dorsiventralité ne peut pas provenir de l'action de la lumière seulement, puisque le soleil étant tantôt à droite, tantôt à gauche de l'arbre, l'effet produit par cette action ne serait pas constant dans une seule direction.

La composition chimique du protoplasma fait des arbres des espèces d'aimants organiques. Ils obéissent à certaines attractions qui s'exercent dans des directions diverses, où ils luttent avec les forces cosmiques qui régissent l'univers, et nous allons trouver la preuve de cette attraction ou de cette lutte dans les formes qu'ils prennent.

Leur amour pour le soleil lorsqu'ils sont *positivement héliotropiques*, les porte, dans tout le cours de leur vie végétale, vers les radiations solaires ; ils s'inclinent vers l'endroit d'où elles viennent, ils

---

(1) « Une même zône de bois n'a pas, dans toute sa circonférence, une épaisseur égale, et, lorsqu'il y a inégalité, elle se fait ordinairement sentir dans un grand nombre de couches successives et du même côté, de sorte qu'il devient clair qu'elle est due à une cause permanente agissant dans ce sens. On avait cru, d'abord, que cette cause était la diversité d'exposition pour les différents côtés de l'arbre qui croîtrait plus au midi qu'au nord. Mais on s'est assuré de la nullité de cette influence qui, d'ailleurs, devrait agir généralement et régulièrement, et l'on a constaté que le phénomène est dû à des influences purement locales ». (De Jussieu.)

semblent les chercher, aller au-devant d'elles, en un mot, manifester, autant qu'une plante peut le faire, cette sympathie qu'en physique on appelle *attraction*. Si la plante est *négativement héliotropique* elle manifestera son antipathie à l'égard des radiations solaires en s'en éloignant ; les branches de l'arbre qu'elle deviendra au lieu de s'incliner vers le soleil, se pencheront dans la direction opposée. « La faculté de se courber en sens inverse de la radiation incidente, dit M. Van Tieghem, l'héliotropisme négatif, est une propriété très-répandue dans les tiges. On la trouve, parmi les arbres, dans le cornouiller, le chêne, l'érable, le prunellier, l'épicéa. C'est par cet héliotropisme négatif que s'exerce la flexion vers le nord du sommet de la tige de la chicorée et de l'épicéa. Chez d'autres plantes où ce changement de sens de l'héliotropisme ne se manifeste pas dans les conditions naturelles, on réussit à le mettre en évidence par l'expérience. Enfin on rencontre des branches qui se montrent indifférentes à la lumière, également dépourvues d'héliotropisme positif et négatif. Il est dès lors probable que l'héliotropisme négatif est tout aussi répandu dans la tige que l'héliotropisme positif, et que, s'il s'aperçoit moins, c'est parce qu'il est masqué, le plus souvent, soit par le géotropisme, soit par l'héliotropisme positif.»

Il résulte de ceci que la direction des arbres dépend de la composition chimique de leur protoplasma et des qualités électro-magnétiques qui en résultent.

Tout arbre planté entre l'équateur et l'un des pôles peut prendre une des quatre positions possibles dans ces régions. (Je ne compte pas les positions intermédiaires). Il peut se placer dans la direction du pôle vers l'équateur, dans la direction de l'équateur vers le pôle, c'est-à-dire regardant le nord dans l'hémisphère boréal, le sud dans l'hémisphère austral. Il peut se placer de manière à regarder l'est en tournant le dos à l'ouest, recevant ainsi les radiations solaires de face le matin, de dos l'après-midi ; il peut enfin se placer dans la direction inverse, c'est-à-dire regardant l'ouest.

Lorsqu'un arbre s'enfonce dans la nuit et *tombe sur la force* qui exerce une action mécanique sur le globe, il lui présente donc son côté antérieur, son côté postérieur ou une de ses faces latérales, suivant la direction qu'il a prise. Du côté ainsi exposé à l'*action repoussante* qui roule le globe dans son orbite dépendra la direction de la tête et celle des membres (1).

---

(1) Les flexions céphaliques et caudales de l'embryon reproduisent les inflexions de la tige, mais avec exagération, à cause de l'espace exigu dans lequel le fœtus se développe et qui l'oblige à se replier sur lui-même — suivant toutefois la disposition déjà commencée dans la vie végétale. Kölliker a observé ces flexions et les décrit en ces termes : « Le corps de l'embryon subit des flexions que l'on peut désigner sous le nom de *flexions sur l'axe transverse et torsion sur l'axe longitudinal*. La flexion sur l'axe transverse consiste en ce que le corps s'incurve à ses deux extrémités sur la face ventrale et se recourbe bientôt si fort de la sorte que la tête et la queue arrivent jusqu'à se toucher. Cette incurvation commence par la tête dès le second jour, mais ce n'est pourtant qu'au commencement du troisième jour qu'il s'accuse nettement et détermine

Si nous supposons que le courant de l'orbite terrestre cause toujours le refoulement de l'axe, nous devons supposer que les diverses inclinaisons du pivot et des membres sont causées seulement par les attractions magnétiques, c'est-à-dire par l'héliotropisme positif ou négatif de la plante.

D'après M. Van Tieghem, pour dévier une racine primaire l'action de la chaleur doit vaincre le géotropisme. « Si on dispose une racine verticale en voie de croissance, dit-il, de manière à ce qu'elle reçoive d'un côté la température où sa vitesse de croissance est maximum, et, de l'autre, une tem-

---

ce qu'on a appelé la *flexion céphalique antérieure*, consistant en ce que la partie antérieure de la tête s'infléchit à angle droit, de telle façon que c'est le cerveau moyen qui devient alors le point culminant de la tête. A cette première courbure, amenant la production de ce premier sommet, le *vertex*, s'en ajoute une autre dans la seconde moitié du troisième jour (poulet) et durant le quatrième ; c'est la *flexion céphalique postérieure*, par laquelle la partie postérieure de la tête s'infléchit à son tour sur l'axe transverse et détermine à la limite de la moëlle épinière et de la moëlle allongée l'apparition d'un point culminant, la *nuque*. De la même façon on voit déjà au troisième jour se produire en arrière une *courbure caudale*, suivie ici, aussi, d'une seconde inflexion dans la région dorsale.

En ce qui touche les phénomènes de *torsion sur l'axe longitudinal*, je mentionnerai en première ligne, dans le poulet, une torsion très-remarquable survenant au troisième jour, et consistant en ce que le tronc restant appliqué par sa face ventrale sur le vitellus, la tête se contourne pour venir appliquer sa face gauche sur le même plan, c'est-à-dire du même côté que la face ventrale de l'embryon. Plus tard l'extrémité postérieure, elle aussi, se contourne et se trouve couchée par son côté gauche sur le vitellus. Puis la tête redevient droite, mais pour se contourner bientôt en sens inverse, de façon qu'alors le corps, dans sa totalité, figure une spirale tournant de gauche à droite. » KÖLLIKER, *Embryologie*, p. 210.

pérature notablement plus basse ou plus élevée, elle deviendra convexe du côté de l'optimum, concave du côté opposé, et s'infléchira en fuyant l'optimum. Quelques essais ont montré qu'il en est réellement ainsi. Si les deux températures différentes sont au-dessus ou au-dessous de l'optimum, la courbure a lieu, dans le premier cas, vers la plus basse, dans le second cas vers la plus haute, toujours vers celle qui est la plus éloignée de l'optimum. Si l'une est inférieure et l'autre supérieure à l'optimum, il en est de même, à moins qu'elles ne soient telles précisément que la vitesse de croissance y ait la même valeur, auquel cas aucune flexion n'a lieu. »

Quelle que soit la cause qui dévie ainsi la racine primaire, l'effet produit est toujours de la courber dans la direction même où l'axe est refoulé — ou dans la direction contraire.

Dans les espèces supérieures — bimanes et quadrumanes — la tête a été repoussée dans la même direction que l'axe, d'avant en arrière ; ce sont des espèces zoologiques qui proviennent de plantes *positivement héliotropiques*. Les arbres qui sont la souche de ces espèces se mettent, par rapport aux radiations solaires, dans une direction inverse de celle qu'occupent les arbres *négativement* héliotropiques, et dont le pivot, en se recourbant en sens contraire du refoulement de l'axe, a fait d'eux des animaux à museau allongé.

Il en résulte que si la tête ronde et la face aplatie annoncent un être intelligent, ce n'est pas parce que cette forme a une influence quelconque sur les facultés de l'esprit, c'est parce que la matière a pris cette structure sous l'influence d'une force qui ne s'est exercée sur elle que parce qu'elle possédait certaines qualités chimiques qui en faisaient déjà un être prédestiné. Mais la conformation du crâne n'a, en elle-même, aucune influence sur la nature chimique de l'élément nerveux qu'il contient, et, par suite, sur le degré d'intelligence de l'individu. S'il existe une relation entre la forme et le fonctionnement de l'organe, cette relation résulte de la direction prise par l'arbre entre les forces *qui créent les organes* ; et la direction, nous venons de le dire, résulte de la composition chimique du protoplasma. Donc, la composition chimique et la forme sont solidaires l'une de l'autre.

On peut donc diviser les mammifères en trois classes distinctes :

1° Ceux qui ont subi une action motrice qui s'exerçait sur eux d'avant en arrière et repoussait le pivot du menton vers l'occiput, allongeait le fémur et imprimait aux jambes une flexion d'avant en arrière qui leur donnait les caractères particuliers qui, plus tard, ont permis à ces animaux de marcher debout ;

2° Ceux qui ont subi cette action d'arrière en avant. Ils possèdent une tête recourbée de l'occiput vers le nez, des fémurs très-courts et les jambes très-fortement inclinées sur l'articulation du genou ;

3° Ceux qui n'ont subi de pression dans aucun

sens et dont le pivot est resté à peu près droit. Leur tête fait suite à l'axe de leur corps, suivant une ligne presque droite. Leurs membres ont des inclinaisons diverses.

Dans le premier cas le côté du pivot qui est devenu la face est celui qui, dans le second cas, est devenu l'occipital.

La saillie de la nuque du bœuf, par exemple, correspond à la saillie que fait le menton de l'homme. L'endroit où, sur la tête de l'homme, les cheveux divergent (endroit qui est celui que les prêtres ont choisi pour y pratiquer leur tonsure), doit être considéré comme la pointe du pivot. Cette divergence des annexes tégumentaires ne peut donc pas exister chez les mammifères à tête allongée, puisque chez eux la pointe du pivot est devenue l'extrémité du museau.

La façon dont les organes des sens spéciaux se creusent autour de la tête indique la direction que l'arbre occupait.

Les courbures de la colonne vertébrale dépendent également de l'action magnétique, ainsi que la position du trou occipital et le port de la tête. La forme du nez en dépend aussi.

Si l'on peut donner comme une règle générale que la forme de la tête est déterminée par le courant magnétique qui a prévalu dans chaque espèce, on peut ajouter que la longueur du museau des mammifères indique toujours le degré de motilité de l'animal. Remarquez, comme preuve à l'appui de cette théorie, que tous les mammifères dont la tête est allongée sont vifs, remuants, propres à la course, très-expansifs, mais, en même temps, peu réfléchis ; remarquez aussi que ceux dont le museau est court, ou tout-à-fait aplati, sont calmes, paisibles, impropres à la course, mais plus intelligents. Ce sont des animaux sensitifs. L'homme est celui dont la face est la plus aplatie. C'est le plus sensitif de tous.

Lorsque l'animal a un museau long sa longueur est toujours en relation avec la longueur de ses pattes. Ainsi le cheval qui a la tête très-longue est très-haut sur ses jambes ; le bœuf a la tête et les jambes un peu plus courtes ; le lion, le chat et tous les membres de la race féline ont la tête raccourcie et les pattes courtes relativement à la longueur de leurs corps. Dans les différentes races de chien nous voyons d'une manière plus frappante encore la réalité de ce fait ; les grandes races comme les lévriers russes ont le museau pointu et long et, en même temps, de longues pattes ; les petites races ont la tête courte ainsi que les pattes. Il n'y a d'exception que lorsque l'animal a un très-long cou comme la girafe, le chameau.

Mais ce n'est pas seulement la longueur qu'il faut considérer, c'est aussi la forme de la courbure du pivot et des branches. La courbure supérieure des os du crâne forme une ligne plus ou moins sinueuse de l'occiput jusqu'aux naseaux. Cette ligne suit les mêmes inflexions que celle des membres abdominaux des animaux.

M. Hæckel, dans son ouvrage intitulé *La Création*

naturelle, — titre qui conviendrait mieux à mon livre qu'au sien, — dit, en parlant de la relation qui existe entre la longueur des pattes et celle du museau : « Certaines races d'animaux domestiques (bœufs, porcs, etc.) à courtes pattes ont aussi habituellement une tête courte et tronquée. Certaines races de pigeons à longues pattes sont aussi remarquables par la longueur de leur bec. Cette solidarité des diverses parties d'un même organisme est extrêmement remarquable ; *nous n'en connaissons pas les causes spéciales.* »

Si M. Hæckel ne connait pas les causes spéciales de la relation qui existe entre la longueur du museau et la longueur des pattes, c'est parce qu'il cherche ces causes dans la *sélection naturelle*. S'il les cherchait, comme moi, dans les forces mécaniques qui agissent sur la terre il les trouverait, comme je les trouve.

La direction, c'est-à-dire la position occupée, est aussi la cause des formations latérales qui existent dans les animaux, comme la présence ou l'absence de la clavicule qui coupe transversalement le tronc de l'arbre à la hauteur du sol. C'est aussi la cause du grand défaut de symétrie qui fait que, généralement, tous les organes du côté droit sont plus volumineux que ceux du côté gauche et qu'en même temps les membres droits (au moins dans le genre humain) possèdent plus de motilité que les membres gauches, d'où résulte l'agilité de la main droite et la maladresse de la main gauche.

Ce qui doit nous faire supposer que le côté droit

a été plus longtemps et plus directement exposé aux radiations motrices et le côté gauche aux radiations plus lentes — d'autant plus que les nègres, originaires des régions tropicales où les deux fluides électro-magnétiques s'équilibrent, se servent indistinctement, et avec la même facilité, de leurs deux mains (1).

Tous les faits physiologiques, quelqu'insignifiants qu'ils soient, ont une cause naturelle. Il ne faut jamais chercher de causes ailleurs que dans les forces engendrées par les mouvements de la matière. L'habitude, l'éducation, la sélection produisent des effets si insignifiants, et si peu durables, qu'il est impossible d'en tenir compte.

L'observation des échantillons que j'ai fait dessiner, et dont je donne la reproduction dans les figures 15, 17 et 18 (pages 118, 121 et 122), m'a prouvé que les deux organes symétriques de chacun des sens spéciaux ne se forment pas simulta-

---

(1) Il n'y a pas seulement une différence de force et d'agilité entre les membres droits et les membres gauches ; il est constant qu'une différence de volume existe aussi, et cette différence de volume ne peut pas dépendre du plus grand exercice puisqu'elle existe déjà chez l'enfant avant sa naissance, et que, déjà même avant de naître, l'artère destinée à nourrir le bras droit est plus volumineuse que celle du bras gauche. « Si ce membre ne jouissait pas réellement de plus de force que l'autre, quelle raison aurions-nous de l'employer toujours de préférence, dit Bichat. »

Cette différence n'existe pas chez les animaux originaires de plantes négativement héliotropiques, ou, si elle existe, cela doit être dans un ordre renversé.

nément mais successivement : l'un des deux se développe beaucoup plus vite que l'autre.

Ainsi, dans la figure 15 qui représente la tête d'un homme à l'état végétal, l'œil gauche est profondement creusé tandis que l'œil droit l'est à peine. J'en conclus que les radiations solaires qui frappaient le côté gauche étaient plus puissantes et plus constantes que celles qui frappaient le côté droit. (1)

Dans les langues sémitiques nord et sud signifient la droite et la gauche de l'homme, dont on suppose la tête tournée vers l'orient — vers le soleil levant, — position dans laquelle on croyait, sans doute, qu'il a été formé.

Si parmi les arbres qui ont été la souche du genre humain il s'en est trouvé qui, par une circonstance quelconque, ont occupé une position inverse de celle qui leur est naturelle, il faut, à leur égard, renverser cet ordre de chose, et supposer que les individus qui en dérivent possèdent à droite les viscères que les autres possèdent à gauche, et que leurs membres gauches sont plus agiles que leurs membres droits. On rencontre quelquefois ce phénomène d'hétérotaxie.

La radiation n'agit pas à la fois et de la même manière sur tous les côtés de la tige, donc l'action mécanique et l'action chimique se localisent. La tige absorbe toujours de l'oxygène dans l'atmos-

---

(1) Voir plus loin l'origine des organes des sens.

phère, mais cette absorption n'a pas lieu avec la même intensité de tous les côtés à la fois.

L'action chimique que l'oxygène exerce sur les tissus, en se localisant en certains endroits de la tige, y détermine des différenciations de tissus qui engendrent dans l'animal des organes et des viscères localisés.

Les mouvements occasionnés par l'action magnétique sont indépendants du système nerveux et, par conséquent, toujours involontaires — puisqu'ils sont antérieurs au fonctionnement du système nerveux. Ils se manifestent d'abord dans les végétaux, mais ils se perpétuent dans les animaux où ils se compliquent de l'action nerveuse qui, souvent, vient s'y annexer.

Les flexions qui ont produit les articulations des tiges sont des actions mécaniques compliquées, dans l'animal, d'une action nerveuse, mais qui, dans certains cas, se manifestent encore d'une façon inconsciente, par exemple lorsque l'individu se trouve dans une situation non équilibrée. La natation spontanée de certains animaux, l'espèce de natation aérienne qu'exécutent les jeunes chiens et les jeunes chats que l'on tient en l'air par le milieu du corps, etc.

Les premiers déplacements de l'arbre ont dû être exécutés sous l'impulsion de cette force, car, quoique certains auteurs aient avancé que les racines se déplacent pour se porter vers certaines veines de bonne terre et se livrent à toutes sortes de sinuosités pour arriver à l'endroit qu'elles veulent atteindre, on ne peut pas tenir compte de ces déplacements exceptionnels opérés dans des conditions anormales et souvent mal constatés.

Je ne nie pas, cependant, le déplacement des racines, mais j'explique leurs mouvements par des causes naturelles et permanentes et non par des causes accidentelles.

Les branches souterraines sont bien, en effet, *des bras qui se cramponnent*, et au moyen desquels la plante opère ses premiers déplacements, mais leurs mouvements n'obéissent pas au mobile que l'on a voulu y reconnaître ; les bras ne cherchent pas des aliments, ils exécutent des flexions qui n'ont aucun but, qui sont dues aux attractions magnétiques, mais qui ne sont pas *voulues* par la plante et qui ne donnent aucun résultat immédiat, mais seulement un résultat bien éloigné — l'élaboration lente de la contraction musculaire.

Tout mouvement instinctif et involontaire que l'animal exécute répond à une contraction commencée à l'état végétal, sous l'action attractive ou répulsive des forces magnétiques.

L'instinct animal provient de l'habitude végétale.

Le mouvement de la jambe se déplaçant sur l'articulation du genou est un mouvement commencé à l'état végétal avant l'apparition du système nerveux (1).

---

(1) « J'ai rapporté la production des surfaces articulaires, dans ce qu'elle a de typique et de primitif, à des phénomènes de croissance, puisqu'elle a lieu, par exemple, au tarse, au

Les mouvements involontaires ne sont que la continuation de l'extension ou de la contraction des fibres ligneuses — extension et contraction qui ont déterminé l'élasticité du bois, laquelle a engendré l'élasticité des muscles.

Il est un autre mouvement qui, quoique d'origine magnétique, s'est compliqué d'une action nerveuse. C'est le mouvement du cœur.

A l'état végétal le collet organique est déjà une ligne neutre *qui règle la circulation végétale.*

Il ne faut pas oublier que l'arbre est un *aimant organique*, dont chaque pôle obéit à une impulsion différente; la moitié supérieure est poussée de bas en haut, la moitié inférieure suit une direction inverse.

Le point à partir duquel les forces divergent occupe, sur la tige, une hauteur qui varie suivant les qualités magnétiques de l'arbre. Dans les plantes les plus électro-positives cette ligne neutre est très-basse, elle s'élève à mesure que la plante est plus électro-négative, si bien que si l'on coupait l'arbre en deux moitiés, à cet endroit, ces deux moitiés ne seraient pas égales.

Il existe un dicton populaire qui doit provenir d'une tradition bien ancienne. Lorsque l'on veut

---

carpe, à la hanche, au coude, etc., à une époque à laquelle i est impossible de songer à faire intervenir l'influence extérieure des actions musculaires; mais je suis tout disposé à admettre que les articulations, une fois établies ainsi, subissent une foule de transformations et se polissent en quelque sorte. »

KÖLLIKER. *Embryologie*, p. 507.

parler d'une personne dont les sentiments sont nobles et élevés, on dit d'elle *qu'elle a le cœur haut placé*. Cette figure exprime un fait scientifique, (ce qui prouve que la tradition remonte à une époque où les hommes *savaient la Nature* mieux que nous). En effet, plus le cœur est rapproché de la tête — plus le collet organique était bas dans la plante — plus l'individu possède de qualités sensitives, parce que l'arbre dont il provient était fortement doué d'héliotropisme positif. L'être qui en résulte est d'autant plus élevé dans la série organique (1).

Les influences réciproques des forces magnétiques et des forces nerveuses sont un sujet complexe, mais bien intéressant à étudier. Elles sont si nombreuses qu'il est impossible de les mentionner ici. Je n'en citerai qu'un exemple.

Etant donnée la propriété magnétique du méristème qui engendre le système nerveux, étant donnée la facilité avec laquelle nous avons vu que ce protoplasma se dirige dans différentes directions, nous devons supposer que la masse médullaire de l'animal, quoique enfermée dans une boîte osseuse qui l'empêche de s'étendre, n'en conserve pas moins

---

(2) « On observe, en général, que les animaux à cou allongé, chez lesquels, par là même, le cœur, plus éloigné du cerveau, peut moins vivement agiter cet organe, ont l'intelligence plus bornée, les fonctions cérébrales plus rétrécies, par conséquent, qu'au contraire, le rapprochement du cœur et du cerveau coïncident communément avec l'énergie de celui-ci. »

Bichat, *Les deux vies*, p. 261.

une tendance à l'expansion dans certaines directions. (1)

Or, si, dans un état donné d'extension de notre cerveau, nous recevons une impression qui vient s'imprimer sur un point de notre masse médullaire, dans ce moment distendue dans une direction déterminée, il arrivera que, lorsque nous changerons de place, nous mettrons notre cerveau dans une autre position, où il sera distendu par des forces agissant autrement. L'empreinte qui avait été imprimée sur un point de notre masse médullaire, alors distendue, mais maintenant comprimée, disparaîtra ou s'obscurcira.

Mais si nous nous remettons dans la première position, entre les mêmes forces magnétiques, notre cerveau, revenu au même état de distention, va retrouver la même impression.

Bien des personnes savent (et Tyndall a fait là-dessus des expériences fort curieuses), que lors-

---

(1) Pour démontrer l'extensibilité de la moëlle on sépare dans un entre-nœud les différentes couches dont il se compose. On trouve alors que les bandes isolées d'épiderme, d'écorce, de bois, sont plus courtes que l'entre-nœud total, tandis qu'au contraire la moëlle isolée est notablement plus longue. D'où l'on conclut que les premiers tissus énumérés étaient, dans la plante, soumis à une tension négative, tandis que la moëlle y était à l'état de tension positive.

Cette tension se modifie avec les progrès de l'âge, la moëlle isolée s'allonge moins dans les plantes plus âgées.

Cependant, quand l'accroissement de la tige a cessé, cette tendance à se distendre que possède la moëlle subsiste encore, il n'est donc pas étonnant qu'elle se soit perpétuée dans la substance médullaire des animaux.

qu'un nom, un fait échappe à notre mémoire, nous n'avons qu'à nous replacer à l'endroit et dans l'attitude que nous occupions lorsque ce nom ou ce fait a été dit devant nous, pour qu'il se représente immédiatement à notre esprit.

Les vibrations sonores, dont la réunion forme un air de musique, répétées dans le même ordre, ramènent les mêmes idées. Un souvenir est éveillé par un air depuis longtemps oublié.

Dans le sommeil, nous changeons de rêve en changeant de position.

Tout ceci prouve que la mémoire est sous la dépendance, non pas des forces nerveuses, mais des forces magnétiques, ou plutôt de l'influence de ces deux forces les unes sur les autres.

L'action magnétique se dérange toutes les fois que l'individu se livre à des mouvements de rotation ou de balancement qui rompent l'équilibre qui existe entre lui et les forces atmosphériques. Ces mouvements peuvent arriver jusqu'à rendre la structure d'une plante toute différente de ce qu'elle est à l'état normal. C'est ce que l'on a prouvé en semant des graines dans des pots que l'on a soumis à un mouvement continuel de balancement ou de rotation.

L'équilibre de la plante dépend donc de la position qu'elle occupe sur la surface terrestre. Ses organes créés dans certaines directions cessent de fonctionner ou fonctionnent mal dans d'autres directions.

C'est pour cela que les plantes que l'on change

de place en les transplantant, s'affaissent presque toujours sur le sol pendant les premiers temps, et ne reprennent leur raideur primitive que lorsqu'elles sont arrivées à se remettre en équilibre avec les courants atmosphériques qui les entourent.

Les deux oxygènes entre lesquels nous vivons sont indispensables à notre existence; lorsque l'un des deux manque ou diminue dans l'atmosphère notre vie se ralentit, le sommeil arrive par degrés, c'est-à-dire l'engourdissement de la pensée, puis, peu à peu la nuit complète. Cet état serait la mort s'il devait se prolonger.

Lorsque par des circonstances atmosphériques ou locales la machine humaine se charge inégalement des deux fluides, c'est-à-dire en dehors des proportions normales, nous en ressentons immédiatement les effets. Lorsque c'est le fluide négatif qui vient à dominer, nous accomplissons les fonctions motrices avec facilité, avec ardeur même, nous recevons une impulsion qui nous pousse au mouvement, à l'action, et, en même temps, le travail de l'esprit nous fatigue, nous sommes incapables de nous y livrer, notre attention ne peut être soutenue longtemps, et nous éprouvons dans les membres une impatience, un malaise, qui ne se calme que par l'exercice. Lorsque c'est le courant positif qui règne dans l'atmosphère nous jouissons d'une grande lucidité d'esprit, notre attention, occupée d'une idée quelconque, tient notre corps dans la même position pendant des heures entières sans que nous en éprouvions la moindre fatigue. Ces deux influences se manifestent principalement aux différentes saisons. Au printemps et à l'automne, il s'opère un changement dans l'intensité des courants, il doit naturellement en résulter, dans l'exercice des facultés sensitives ou motrices, une variation d'intensité en même temps qu'un ralentissement ou une accélération dans la circulation du sang. C'est la cause qui produit, aux changements de saison, tant d'accidents dont les natures faibles sont victimes à ces deux moments de l'année.

Lorsque la nuit le corps humain se charge d'électricité négative, nous ressentons dans les jambes des impatiences, des secousses qui engendrent des mouvements involontaires dont nous ne nous rendons pas facilement compte nous-mêmes, puisque cela se passe, le plus souvent, pendant que nous dormons, mais que nous pouvons observer chez les autres. Tous ceux qui occupent, avec une autre personne, un lit commun, les gens mariés, par exemple, qui ont conservé cette coutume malsaine, peuvent, lorsqu'ils ne dorment pas, observer sur leur conjoint ces mouvements saccadés qui ont lieu dans les jambes.

Il ne faut pas s'étonner que ce soit par les jambes que le courant pénètre, car il ne faut pas oublier que les jambes sont les branches hautes de l'arbre, celles qui s'en allaient dans l'atmosphère chercher le fluide électrique.

„Si l'homme s'est renversé, cela ne regarde pas la Nature qui continue à agir, quand il n'y a pas d'obstacles qui s'y opposent, suivant le plan primitif qu'elle s'est tracé.

Les actions magnétiques échappent absolument à l'influence de notre volonté, — puisqu'elles sont antérieures à la volonté qui émane du système nerveux. Elles s'exercent aussi bien sur les végétaux que sur les animaux. Cette force est l'agent de tous les phénomènes d'*irritabilité* chez les plantes, de mouvements involontaires chez les animaux.

Lorsque l'action nerveuse cesse accidentellement l'action magnétique persiste. Dans le sommeil, par exemple. C'est donc avec raison que l'on a dit qu'il y a quelque chose en nous qui ne sommeille jamais. Ce quelque chose ce sont les propriétés électro-chimiques de la matière dont nous sommes formés.

Lorsque l'on tue les nerfs moteurs d'un animal par le curare, on anéantit en lui l'action nerveuse, mais l'action magnétique n'est pas atteinte, puisqu'on a vu des animaux curarisés se remettre dans leur position normale lorsqu'on les plaçait sur le dos, en exécutant un mouvement magnétique analogue à celui qu'exécutent les végétaux qui se remettent dans leur direction première lorsqu'on les dérange.

L'action nerveuse est intermittente, parce qu'elle reçoit son impulsion d'une force dont les matériaux se renouvellent et peuvent augmenter ou diminuer en nous; l'action magnétique est constante parce qu'elle reçoit son impulsion d'un foyer qui ne s'éteint jamais.

DIFFÉRENCES

DUES AU HASARD DE LA POSITION OCCUPÉE

Les différences qui proviennent de la position occupée sont celles causées, dans une même espèce, par la latitude, c'est-à-dire la proximité de l'équateur, des régions tropicales ou des régions polaires, l'occupation des îles, des côtes orientales ou occidentales, l'altitude, et enfin les accidents locaux qui engendrent des variétés, des irrégularités ou des monstruosités.

Toutes ces causes qui modifient les actions magnétiques — et, par suite, le système nerveux, — sont surtout sensibles dans le genre humain. Je reprendrai donc ce chapitre pour le développer et en tirer les conséquences ethnographiques qu'il entraîne, lorsque je m'occuperai spécialement de l'homme.

Je dirai seulement ici, et une fois pour toutes, à propos des monstruosités, des accidents, des avortements ou des soudures anormales engendrés par des influences locales, que tout ce qui sort des règles générales et des structures régulières n'a aucune valeur pour moi et ne peut pas m'arrêter.

Je constaterai seulement, afin de tenir le lecteur en garde contre ces anomalies que l'on rencontre si souvent, qu'elles sont bien plus nombreuses dans le règne végétal que dans le règne animal.

Et cela se comprend. Les individus végétaux sont des ébauches inachevées, des tâtonnements de la Nature. C'est le bégaiement de l'enfance qui deviendra plus tard le langage de l'homme. Il ne faut donc pas s'étonner des nombreuses exceptions que l'on rencontre à côté des formes régulières, des groupements d'individus qui, d'un arbre, font une colonie, des jumeaux accouplés, des greffements bizarres. Il ne faut pas, surtout, se servir de ces exceptions pour combattre ma théorie, car alors je me verrais forcé, pour répondre, d'invoquer le souvenir des frères Siamois et de toutes les monstruosités du règne animal.

La persistance du plus apte, ce principe, qui fait la base de la théorie Darwinienne, n'a de valeur que dans un cas, lorsqu'il s'agit d'expliquer la régularité des formes animales comparées aux formes végétales.

En effet, le règne végétal est tout rempli d'irrégularités ; le règne animal présente une régularité remarquable qui prouve que les individus irréguliers n'étaient pas, comme les autres, aptes à perpétuer leur espèce. Et ne voyons-nous pas ce principe continuer à exercer son action même dans le règne animal ? Lorsqu'un individu est atteint de difformité, il est généralement impropre à la reproduction. Si, cependant, il engendre des rejetous, ceux-ci ont toujours une santé chancelante.

L'individu dont les formes sont irrégulières ne peut donc pas avoir une longue succession de descendants, et, par conséquent, ne peut pas propager, dans la descendance, les formes anormales qui le distinguent des autres individus de son espèce. Ce fait prouve que la sélection naturelle, en dehors des formes régulières, est une force impuissante, et, d'un coup, anéantit toute la théorie Darwinienne qui repose sur la transmission des formes irrégulières.

Je mets au nombre des formes irrégulières, dont il ne faut pas tenir compte, toutes celles obtenues par des procédés artificiels de culture, d'élevage, de croisements, de sélection naturelle, sociale, médicale ou autre. Toutes les qualités obtenues par ces moyens secondaires n'ont aucune valeur pour moi.

Je ne m'occupe que des formes naturelles, de celles qui sont produites directement par les forces physiques qui agissent sur la terre.

ACTION NERVEUSE

Le système nerveux est, dans l'organisme, l'axe autour duquel tout converge. Tous les autres systèmes lui sont subordonnés, tous se développent après lui et dépendent étroitement de lui.

Nous aurions donc dû, pour agir avec une méthode rigoureuse, commencer l'exposé de cette théorie de l'origine végétale des animaux par ce chapitre.

Si nous nous sommes occupé de la formation du squelette d'abord, c'est parce qu'il importait, avant tout, de familiariser le lecteur avec la structure de l'arbre. Mais la formation du squelette n'est pas antérieure à celle du système nerveux, puisqu'au contraire elle en dépend.

ORGANES D'INNERVATION

HISTOLOGIE

Les forces physico-chimiques dont nous venons de nous occuper constituent *le milieu* indispensable à toute manifestation vitale. Voyons maintenant comment ce milieu engendre *un corps.*

Lorsque deux radiations d'oxygène, — ce qui revient à dire deux courants électro-magnétiques — possédant un degré de tension déterminé, se rencontrent dans un milieu humide, soit que ces radiations proviennent de l'atmosphère, soit qu'elles ne forment par la mise en liberté de l'oxygène qui était enfermé dans un composé organique quelconque, soit qu'elles proviennent de l'action d'un acide sur deux métaux inégalement oxydés, en un mot, qu'elles émanent d'une source artificielle ou d'une source naturelle, ces deux radiations, en se rencontrant, donnent naissance, en modifiant les éléments qu'elles rencontrent et ceux qu'elles entraînent, à une matière protoplasmique ou protéique — à un composé *vivant* — qui est le principe de la vie.

Telle est l'origine des fermentations, point de départ de cette végétation microscopique que nous appelons moisissure, et qui est l'image réduite de la végétation qui enveloppe les mondes, et que l'on pourrait appeler la chevelure des astres.

Si cette genèse spontanée n'est plus aussi fréquente aujourd'hui qu'elle devait l'être nécessairement à l'époque où la vie apparut primitivement à la surface terrestre, c'est parce que la tension des courants atmosphériques n'est plus la même, et varie sans cesse, comme varie la quantité d'oxygène que le soleil nous envoie, laquelle diminue proportionnellement à la diminution d'intensité de son foyer.

« La substance nucléaire ou chromatine, dit M. Van Tieghem, a sa première origine cachée dans le passé le plus reculé. Actuellement elle ne naît pas, elle se continue seulement. »

Les éléments qui constituent notre air atmosphérique, en y ajoutant l'hydrogène de l'eau, suffisent donc pour *créer des êtres organisés*; ils sont les seuls créateurs des plantes, des animaux, des hommes ! Nous ne sommes, en résumé, qu'une modification de l'air et de l'eau !

Cette idée n'est-elle pas aussi merveilleuse, aussi grande, aussi féconde que tant de vulgarités que l'on nous donne à admirer. *Que l'homme soit !* non pas seulement du limon de la terre, mais de l'air qu'il respire !

La matière vivante, primordiale, qui se forme aux dépens des éléments atmosphériques, est d'abord anhiste. Elle deviendra une cellule lorsqu'elle aura acquis une membrane limitante qui se formera aux dépens de ses propres éléments, lorsque son expansion centrifuge sera arrêtée par la pression extérieure des radiations atmosphériques ; alors la couche externe qui forme sa périphérie, poussée à la fois dans deux directions, en se condensant, se coagulera et deviendra une membrane.

La coagulation est l'arrêt du mouvement — donc de la vie. La membrane est donc une partie du protoplasma privée de vie. Cette cellule une fois formée, sollicitée elle-même à suivre alternativement deux directions, se segmentera ; elle abandonnera à l'attraction positive la moitié de son protoplasma, à l'attraction négative l'autre moitié. Elle aura deux pôles, qui représenteront déjà, à l'aurore même de la vie, la moitié positive et la moitié négative du végétal. Enfin, de segmentation en segmentation, elle commencera un individu qui commencera une famille.

Les deux courants qui ont engendré la cellule primitive nous représentent les deux éléments en lutte dans l'Univers. En lutte, parce que venant de points différents, ils se rencontrent en sens inverse, et, comme ils sont tous deux animés d'une force motrice qui engendre un mouvement rectiligne, ils veulent, chacun, obéir à l'impulsion qu'ils ont reçue et suivre leur voie directe. Ce sont deux trains express lancés, en sens inverse, sur la même voie, lorsqu'ils se rencontrent il y a explosion ou combinaison.

Combinaison, parce qu'il y a ici cette circonstance particulière, qu'étant formés, chacun, du même élément, il y a attraction entre eux, en vertu de leur affinité chimique. Ils luttent l'un contre l'autre et cependant ils se cherchent.

La lutte commencée dans la cavité cellulaire ne cesse pas par le fait de la rencontre des deux radiations, le mouvement commencé continue, malgré le premier choc qui a donné naissance au nucléole primitif (1). On voit les deux courants dans la cellule, sous forme de filaments plus ou moins nombreux, composés des matières qu'ils entraînent, s'agiter, aller et venir, s'entrecroiser et former un réseau à grandes mailles. Ils vont de la périphérie au centre, en rattachant ainsi l'enveloppe cellulaire au noyau. On a constaté leurs mouvements en observant les granules de matière entraînée dans leurs courants.

---

(1) « Le noyau est primitif, c'est-à-dire antérieur à l'individualisation de la cellule à laquelle il appartient et qui s'est formée autour de lui. Quelquefois il produit dans sa masse diverses substances qui y prennent une forme déterminée ». VAN TIEGHEM. *Traité de Botanique*, page 543.

Ces courants, qu'on appelle *courants protoplasmiques*, exécutent un mouvement circulatoire autour du noyau primitif, mouvement qui est l'origine même de la circulation nerveuse.

Quelques anatomistes en ont mesuré l'intensité.

« Plus tard, dit M. Van Tieghem, quand le protoplasma ne forme plus dans la cellule qu'une couche pariétale où est niché le noyau, sa configuration ne change plus, ou seulement très-peu.

Les courants continuent seuls à traverser cette couche pariétale, à l'exception de sa portion la plus externe immobile ; mais ils rampent de deux manières, ou bien il y a plusieurs courants, la plupart parallèles à la plus grande dimension de la cellule, et dirigés soit tous ceux d'une moitié dans un sens, tous ceux de l'autre moitié en sens contraire, soit alternativement dans un sens et dans l'autre ; courants qui tantôt se partagent en plusieurs bras, tantôt au contraire se réunissent plusieurs ensemble, en laissant entre eux des îlots immobiles. Ou bien il n'y a dans la couche pariétale qu'un seul courant fermé, doué d'une direction constante déterminée par l'organisation de la plante ».

Ce mouvement circulaire des courants est ce qu'on appelle *la rotation du protoplasma*. (1)

---

(1) « On nomme ainsi, dit Sachs, le mouvement circulaire qui anime la masse protoplasmique pariétale toute entière d'une cellule, quand elle se meut le long de la paroi, à la manière d'un courant fermé, en entraînant avec elle tous les grains et granules qu'elle renferme ».

Les courants qui ont continué à tourner dans la cellule, sans pouvoir en sortir, ont fini par imprimer sur son enveloppe interne, — formée de la portion externe du protoplasma, — des lignes en spirales qui ont fait donner à ces cellules le nom de cellules spiralées. Celles dans lesquelles les courants se sont arrêtés, dans lesquelles le protoplasma est tombé au repos, peuvent être considérées comme des cellules mortes; elles se différencient cependant encore, leurs éléments subissent des modifications chimiques ou mécaniques à la suite desquelles elles deviennent, dans l'organisme, des agents passifs du fonctionnement, mais elles ne portent plus la vie en elles, — elles ne sont plus génératrices.

Lorsque les cellules placées bout à bout s'allongent et se creusent sur une grande longueur, nous savons qu'elles forment des vaisseaux; lorsque les cellules qui s'allongent sont des cellules spiralées, elles forment les vaisseaux spiraux ou spiralés qu'on a désignés sous le nom de *trachées déroulables*. La spirale a commencé dans la cellule par un courant électro-magnétique, — engendré par une radiation d'oxygène, — qui en a, pour ainsi dire, découpé l'enveloppe interne, laquelle est devenue, par l'effet de cette découpure spiralée, un fil extrêmement fin, qui continue à s'enrouler dans le vaisseau spiralé, dans la même direction que dans la cellule.

Les degrés de cette découpure interne ont fait passer la cellule d'abord, le vaisseau ensuite, par différents états que l'on désigne par les mots *cannelés, rayés, ponctués, scalariformes*. Les vaisseaux dont la découpure interne n'est pas encore complète sont appelés *fausses trachées* (1).

---

(1) « Les parois des cellules ne présentent pas toujours la même apparence ; tantôt elles semblent formées par une membrane unie et parfaitement homogène ; tantôt cette membrane est marquée d'un nombre plus ou moins grand de petits points ou de courtes lignes dirigées transversalement ou obliquement ; tantôt elle semble doublée, à certains intervalles, de petits fils ou bandelettes ; ces fils décrivent, en général, une spirale à tours plus ou moins rapprochés depuis une extrémité de la cellule jusqu'à l'autre ; ces bandelettes suivent également une direction en spirale, ou se séparent en plusieurs anneaux à peu près horizontaux, ou dessinent enfin sur la surface une sorte de réseau à mailles plus ou moins grandes. On s'est assuré que ces diverses apparences ne caractérisent pas constamment des cellules différentes, mais que la même peut en offrir successivement plusieurs, suivant l'époque à laquelle on l'examine. Il est donc nécessaire de suivre attentivement leur développement pour bien se rendre compte de ces apparences diverses et de la cause qui les produit.

Cet examen nous apprend que la cellule, au moment où nous commençons à l'apercevoir comme un organe distinct, est un petit sac formé par une membrane simple, parfaitement continue et homogène, dont la substance, d'abord molle et humide, se sèche et durcit peu à peu. Elle peut persister à cet état en changeant seulement de volume et de forme. Mais d'autres fois, à une certaine époque ultérieure, sur toute la surface intérieure du sac, il s'en forme une seconde.

Cette nouvelle membrane ne paraît pas identique avec la première dans son mode de développement, car, au lieu de s'étendre en une toile continue, parfaitement correspondante à la première, elle s'interrompt en divers points. Dans ces points, le sac extérieur n'est pas doublé par l'intérieur, et de là résulte cette inégalité d'épaisseur à divers endroits. On pourrait supposer que la membrane interne, ainsi distendue, s'éraille en un grand nombre de points et détermine ainsi des ponctuations qu'on aperçoit sur beaucoup de cellules ; mais, le plus souvent, une merveilleuse régularité paraît présider aux solutions de continuité de l'enveloppe intérieure qui se déroule de bas en haut de la cellule en un fil ou en un ruban spiral. Si les tours de cette spire sont éloignés l'un de l'autre par un intervalle appréciable, on a deux zônes spirales parallèles, l'une où la

Chacun peut constater la présence des *trachées déroulables* dans les plantes sans avoir besoin de recourir pour cela au microscope. Il suffit de déchirer doucement une feuille, presque toujours les deux moitiés restent attachées l'une à l'autre par de petits fils blancs qui s'allongent en se déroulant lorsqu'on les tire avec précaution en sens inverse. Ce sont *les nerfs des plantes.*

« Ce sont des tubes longuement fusiformes, dit M. Germain de Saint-Pierre, terminés en pointe aux deux extrémités, et dont la couche interne constitue une sorte de ruban roulé en une spirale susceptible de se dérouler par tiraillement, lorsqu'on rompt la membrane externe ; en dehors, cette membrane externe n'est visible que dans le cas où les tours de la spirale sont plus ou moins écartés. Le fil ou ruban de la spirale est simple, et plus rarement se subdivise en deux dans une partie de sa longueur. Une trachée renferme un seul fil ou plusieurs fils parallèles qui marchent dans le même sens, étant contigus les uns aux autres. Ces fils qui avaient été crus tubuleux

---

membrane externe est doublée par l'interne, l'autre où elle est à nu. Si les tours se touchent exactement, leur intervalle n'est plus indiqué que par une strie extrêmement fine ou cessant même d'être perceptible. Mais souvent ils s'écartent un peu de distance en distance, laissant la membrane extérieure à nu dans des espaces qui, pour notre œil, n'excèdent pas en étendue un point ou une courte ligne. De là, peut-être, la régularité et la direction que l'on observe fréquemment dans ces points et ces lignes dont la cellule se montre toute parsemée. »

AD. DE JUSSIEU.

paraissent manifestement dépourvus de cavité interne. Dans les cas les plus nombreux les fils des trachées sont enroulés de droite à gauche et de bas en haut. Les trachées sont souvent désignées sous le nom de *trachées déroulables*, afin de les distinguer plus complétement des vaisseaux réticulés désignés quelquefois sous le nom de fausses trachées. Les trachées ne sont pas déroulables dans le premier état de leur formation ; elles peuvent, à une époque avancée de leur existence, cesser d'être déroulables, par suite des adhérences que leurs parties constituantes contractent entre elles. »

Cette description met en évidence l'analogie qui a continué à exister entre ces organes d'innervation à l'état primitif et les organes qu'ils sont devenus, malgré la longue élaboration et le long fonctionnement qui les a modifiés dans les animaux.

M. Cadiat, malgré son ignorance sur l'origine des tissus, constate en ces termes cette analogie : « De même que les cellules végétales placées bout à bout s'unissent les unes aux autres et se confondent en un tube continu, de même les parois des cellules primitives des nerfs (Ranvier) se soudent en formant la gaine de schwann des tubes nerveux. »

Nous allons, du reste, faire ressortir cette analogie par des faits certains d'observation.

Les fibres nerveuses sont des tubes composés de trois éléments ; l'enveloppe, le cylindre, la moelle.

Les trachées sont des tubes composés de trois éléments ; la membrane, le fil spiralé, la matière gélatineuse.

L'Enveloppe. — Dans les végétaux, c'est une membrane mince et élastique, homogène et hyaline. Les botanistes en disent peu de chose. Dans les animaux, l'enveloppe ou la gaine des tubes nerveux est transparente, anhyste. C'est une membrane extrêmement mince et souple, et qu'on appelle *gaine de schwann*. (Membrane limitante de Valentin, névrilème de Schulze).

Le Cylindre. — Dans les végétaux, c'est un fil blanc, nacré, roulé en spirale ou déroulé. On l'a comparé très-justement à un élastique de bretelle ; on l'appelle *spiricule*. Quelques botanistes affirment qu'il est creux, d'autres croient qu'il est plein.

Hedwig, le premier, affirmait, vers la fin du dernier siècle, que la spiricule est creuse et forme un tube extrêmement délié. M. Trécul la décrit aussi comme formant un tube creux à parois minces, bien définies. Cependant cette opinion n'est pas généralement admise; mais tous les botanistes s'accordent à reconnaître qu'il se fait un rapprochement plus ou moins grand des tours de la spiricule, mais il n'en est pas toujours ainsi, il arrive souvent, au contraire, que la spirale se déroule et que le fil s'étire. « Si les rubans spiralés sont épais et solides, dit Sachs, tandis que les portions de membranes qui les séparent sont minces et se résorbent facilement, ils peuvent devenir libres, déjà dans l'intérieur de la plante où on les rencontre sous forme de cordons isolés de cellulose, dans les lacunes du tissu. Ces épaississements spiralés peuvent aussi être étirés souvent sur de grandes longueurs, en forme de fils isolés (1). »

Dans les animaux on appelle cet élément nerveux *corde de la fibre nerveuse, cylindre d'axe du tube nerveux, ligament primitif de Remak, tube nerveux primitif, cylindre axis, de Purkyne, etc.* Il est formé d'une substance albuminoïde d'une teinte grisâtre ; son diamètre varie entre 0^{mm}, 001 et 0^{mm}, 003 ou 0^{mm}, 004.

---

(1) Description de M. Van Tieghem. *Traité de botanique*, p. 557 :

« Ailleurs il se forme, soit une série d'anneaux parallèles, soit un ruban spiralé continu ou plusieurs rubans spiralés parallèles montant le plus souvent vers la gauche, soit un réseau à mailles plus ou moins serrées. Anneaux et spires peuvent coexister et se continuer sur la même cellule. Parfois, comme dans la tige des cactées, ils se projettent fort loin vers l'axe, sous forme d'une série de diaphragmes perforés au centre, ou d'une lame spiralée. Ils se trouvent quelquefois mis en liberté dans l'intérieur de la plante ; soit parce que la mince membrane qui les porte se résorbe complètement (tige de prêle, de maïs, etc.), soit simplement parce qu'ils se décollent de la membrane sous l'influence des tractions dues à la croissance longitudinale du corps. Ainsi décollés, les rubans spiralés se déroulent sans le moindre effort, quand, par exemple, on vient à déchirer l'organe qui les renferme ; ils continuent à relier l'une à l'autre et sur une grande longueur les parties séparées. C'est dans le bois des plantes vasculaires que l'on observe les exemples les plus beaux de ces diverses sculptures : scalariforme, annelée, spiralée, réticulée. Dans les tiges à longs entre-nœuds et surtout dans les feuilles de ces plantes on observe très-fréquemment ce décollement des spires qui deviennent déroulables. »

Les zoologistes se sont livrés à la même discussion que les botanistes au sujet du fil qui constitue la fibre nerveuse. On l'avait d'abord fait creux puisqu'on l'appelait *tube nerveux*, plus tard on l'a reconnu plein.

La fibre nerveuse se forme dans l'embryon comme elle se formait dans la plante par l'allongement de la cellule spiralée ou striée. Les fines stries qui se produisent dans le corps de la cellule nerveuse sont mises en évidence par le chlorure d'or qui exagère la striation, mais chez les invertébrés elle est tout-à-fait évidente sans réactif. Nous avons vu que cette striation, très-commune dans les cellules végétales, est le résultat de la découpure de la membrane interne. L'albumine coagulée dont se compose le cylindre axe provient donc de la découpure de cette membrane, formée originairement de la couche pariétale coagulée du protoplasma.

Frommann et Graudry ont mis en évidence les stries transversales des cellules par le nitrate d'argent et ont démontré ainsi l'identité de nature de la substance du corps cellulaire et des cylindres d'axe. (1)

---

(1) La striation dans l'épaisseur du cylindre axe démontrée par Frommann ne peut provenir que de trachées dont les tours de spire sont intimement soudés, disposition fréquente dans les plantes. Entre cette soudure complète et le fil entièrement déroulé il existe tous les états intermédiaires, dont le plus connu est celui du fil enroulé mais non soudé. Cette disposition a été observée dans les nerfs par Golgi qui a figuré la striation transversale qu'il n'hésite pas à reconnaître comme produite par l'enroulement en spirale d'un filament nerveux.

Mais ce qui donne à cette découverte une importance bien plus grande à mes yeux, c'est qu'elle met en évidence l'analogie de striation, ou plutôt d'enroulement, qui existe entre le fil nerveux et le fil de la trachée. Ce qui prouve encore que le cylindre axe est un fil primitivement enroulé, mais distendu, c'est que lorsqu'il se rétracte il se contourne encore en spirale; c'est sous cet aspect qu'on peut le voir encore dans certains tubes nerveux raccourcis.

Les vaisseaux spiraux des plantes, qui ne sont que de longues fibres creusées, se croisent à leurs extrémités qui s'accolent et se soudent au point de croisement. La membrane externe, très-mince, qui existe en ce point, est résorbée, comme elle l'est aussi, du reste, à l'extrémité libre de la trachée. Dès lors les fils des deux trachées accolées communiquent librement ensemble et établissent ainsi une continuité sans solution.

Tous ces détails d'histologie végétale sont, en même temps, l'histoire du développement animal. « Les tubes nerveux en voie de développement, dit M. Cadiat, apparaissent d'abord comme des traînées de cellules allongées, fusiformes, ayant un noyau ovoïde, et unies par leurs extrémités. Leur soudure bout à bout devenant de plus en plus complète, une file de cellules se transforme en un cylindre, interrompu de distance en distance par des noyaux également espacés. Telle est la première forme du tube nerveux.

Peu à peu ce cylindre se modifie. Une couche

de myéline se dépose entre la partie centrale et la surface, et les sépare l'une de l'autre. Ainsi se trouve formé le cylindre axis et la gaine de schwann. A mesure que se dépose la matière grasse le cylindre transformé en tube s'allonge, de sorte que les noyaux s'écartent les uns des autres. D'après M. Ranvier la cellule primitive qui a donné naissance à un segment de tube nerveux se retrouverait dans l'espace compris entre deux étranglements, le noyau de cette cellule dans le noyau adhérent à la gaine de schwann ».

Les trachées ne renferment souvent qu'un seul fil, mais il arrive aussi qu'elles en renferment plusieurs, souvent deux, quelquefois un plus grand nombre, on en a compté jusqu'à 20 dans le bananier. Le même fait existe dans les tubes nerveux; le cylindre axe est souvent constitué par plusieurs fils, ce qui, alors, lui donne un aspect strié longitudinalement.

Il existe dans les plantes une variété de trachées très souvent décrites par les botanistes et qui se présente à nous sous la forme d'un ruban aplati, formé de la réunion d'un nombre plus ou moins grand de fils des tranchées. Cette variété de fibres est devenue, dans les animaux, ce qu'on appelle les fibres de Remak. Ce sont des fibres très-fines, grisâtres, cylindriques, aplaties et rubanées, présentant de distance en distance des noyaux analogues à ceux de la gaine des tubes nerveux. M. Ranvier les considère comme formées de fibrilles accolées.

Enfin on voit quelquefois, dans les végétaux comme dans les animaux, le fil se dédoubler et se ramifier.

La moelle. — Dans les végétaux c'est, d'après M. Trécul, une matière gélatineuse, de couleur et de consistance variable, contenue d'abord dans la cellule spiralée. Les botanistes parlent peu de son origine. Cependant on peut supposer qu'elle provient d'une gélification de la membrane cellulaire, dont la cuticule seule aurait persisté pour former la gaine de Schwann.

Dans les animaux c'est une moëlle semi-fluide : *la myéline*, (gaine médullaire de Rosenthal et Purkinge, substance blanche de Schwann). « La moëlle nerveuse, dit M. Béclard, placée entre cet axe et la gaine du tube nerveux primitif, est formée par une substance grasse, sur le vivant les axes fibrineux des tubes nerveux primitifs sont donc entourés d'une huile demi-solide *qui les isole* des tubes voisins ».

« On pense que, pendant la vie, la moëlle est fluide, dit Claude Bernard, mais qu'aussitôt que le nerf est séparé de l'animal cette moëlle se coagule, d'où l'aspect de double contour qui accuse l'épaisseur de l'enveloppe. Le cylindre d'axe serait formé d'une matière albumineuse constamment coagulée et solide ».

« La moëlle des fibres fraîches, dit Kölliker, est parfaitement homogène, visqueuse comme une huile épaisse, transparente et limpide ou d'un blanc brillant, suivant le mode d'éclairage. C'est elle, évidemment qui donne aux nerfs leur brillant spécial et leur couleur blanche à la lumière directe».

Nous verrons cette matière grasse ou gélatineuse venir se déverser au dehors partout où nous verrons aboutir les extrémités libres des trachées dans les végétaux, des fibres nerveuses dans les animaux.

Pour que cette matière soit ainsi mise en liberté à la périphérie du corps par la circulation nerveuse, il faut que l'extrémité du nerf ou de la trachée soit ouverte pour lui livrer passage. On a constaté, en effet, d'une part, que la membrane trachéenne s'amincit vers son extrémité et finalement se résorbe, d'autre part que les tubes nerveux se dépouillent de leur gaine dans leur extrémité libre et mettent leur *moëlle insolente* en liberté. Cette moëlle joue dans l'organisme végétal et animal un grand rôle dont nous nous occuperons plus loin.

La réunion d'un grand nombre de fibres forme un nerf entouré d'un névrilème. « Les nerfs, dit C. Bernard, sont constitués par l'accolement d'un nombre considérable de fibres extrêmement fines : ce sont les tubes nerveux ou fibres primitives. Ces fibres primitives sont accolées les unes aux autres et enveloppées par une gaine commune qu'on appelle *névrilème*; cette gaine est contenue elle-même dans une gaine plus extérieure à laquelle Ch. Robin a donné le nom de *périnèvre* ».

Le névrilème se forme dans les végétaux aux dépens du *méristème primitif*, tissu cellaire au sein duquel se forment et se répandent les trachées, et qui, à l'origine, remplit toute la plante, mais finit par se circonscrire dans l'étui et les rayons médullaires.

Lorsque les trachées se sont formées elles se sont trouvées enveloppées par ce tissu, que l'on a appelé *muriforme*, dans les rayons médullaires, à cause de la ressemblance des éléments anatomiques qui le constituent, avec les briques d'un mur. C'est un tissu sans lacunes qui, en se comprimant, arrive à former le tissu cellulaire que nous trouvons dans le névrilème. « Les enveloppes tubuleuses des nerfs sont formées de cellules aplaties si intimement accolées par leurs bords, dit M. Cadiat, qu'il faut des artifices de préparation pour délimiter chacune d'elles. »

Les nerfs se répandent et se perdent dans le tissu musculaire comme les trachées se perdent dans le tissu ligneux. Ils ne sont pas plus faciles les uns que les autres à isoler.

La Cellule nerveuse. — Il faut considérer la cellule dans ses divers états, c'est-à-dire dans l'évolution qu'elle accomplit dans la vie végétale et animale.

Nous avons montré comment à son point de départ le courant protoplasmique engendre le fil spiralé quand ce courant est unique et de sens constant et qu'il s'établit dans la couche pariétale de la cellule dont il découpe la membrane interne. Disons plutôt qu'il forme cette pseudo-membrane spiralée.

La membrane résultant d'une coagulation du protoplasma entraîné par le courant circulaire, s'est coagulée suivant une ligne spiralée.

Lorsqu'une cellule de ce genre s'allonge en fibre, le fil spiralé se déroule; c'est le cylindre axe, composé d'une ou de plusieurs fibrilles, suivant que le fil spiralé s'est lui-même divisé en formant un faisceau de fibrilles. Dans ce cas l'unité organique n'est pas la fibre mais la fibrille. Lorsque le fil s'est divisé, l'espace laissé libre entre chaque fibrille s'est rempli d'une substance granuleuse interfibrillaire, qui, en se coagulant elle-même à la périphérie du faisceau a formé la membrane, ou gaîne cylindre axile de Mauthner. Chacune des cellules ainsi transformées forme un segment interannulaire.

Mais il ne se forme pas dans toutes les cellules un courant circulaire et périphérique, il arrive très-souvent que le courant se dirige d'une toute autre manière, qu'au lieu d'être circulaire il est rayonnant et traverse en tous sens le protoplasma de la cellule, c'est-à-dire que, parti du noyau, il se dirige vers la périphérie qui le renvoie au noyau. Dans ce cas la coagulation du protoplasma entraîné dans ce courant, au lieu d'être phériphérique et spiralée est centrale et étoilée; ce sont des prolongements qui, du noyau, se dirigent vers la membrane.

« Pendant le mouvement, dit Hamstein, les rubans protoplamisques sont et demeurent très-fortement tendus, de sorte que l'enveloppe du noyau est tirée par eux et prend une forme anguleuse. Il semble que le noyau, avec son enveloppe, soit remorqué comme un navire par des câbles serrés. Et comme pendant cette traction les cordons eux-mêmes changent de forme et de direction, on conçoit que l'enveloppe du noyau où ils sont attachés change en même temps de figure. Mais ce n'est pas seulement l'enveloppe du noyau qui change, c'est aussi le noyau lui-même. Tant qu'il se déplace, en effet, le noyau n'est jamais ni sphérique, ni de quelque forme régulière que ce soit, mais toujours régulièrement allongé et tendu le plus souvent dans la direction même de son déplacement actuel. »

Cette instabilité de forme pendant la vie active, c'est-à-dire pendant la vie végétale, disparaît dans la vie animale où la cellule, lorsque nous l'observons, s'est arrêtée depuis longtemps dans son activité par la coagulation du protoplasma. Elle s'est arrêtée dans une de ses formes de passage, c'est pourquoi les cellules nerveuses sont si irrégulières et se ressemblent si peu entre elles. Leurs nombreux prolongements, dans les cellules de la moëlle — qui sont toujours multipolaires — n'ont aucune régularité dans leur arrangement.

M. Van Tieghem, donne la figure d'une de ces cellules végétales, dans son *Traité de Botanique* (page 559, figure 363), et dit de ses prolongements multiples, qu'il appelle des canalicules rayonnants : « Quand elles sont étroites et traversent une membrane très-épaisse, les ponctuations deviennent autant de fins canalicules convergents souvent et se réunissant plusieurs ensemble. Il en résulte que si l'on en suit un de dedans en dehors il paraît se ramifier progressivement pour aller poser ses multiples extrémités en divers points de la périphérie contre la membrane primitive. Ces canalicules s'anastomosent parfois en formant un réseau très-compliqué ». (*Traité de Botanique*, 559).

D'après Deitters, ces multiples prolongements de la cellule nerveuse ont des destinées différentes ; un seul, croit-il, devient un cylindre axe ; il est simple, ne se divise pas ; les autres, au contraire, se divisent et se ramifient ; il les appelle prolongements protoplasmiques, expression que je trouve juste puisqu'elle répond très-exactement à leur origine.

Le prolongement cylindre axile est homogène, mais on a remarqué dans les prolongements ramifiés une fibrillation longitudinale allant du noyau à l'extrémité des prolongements. Cette fibrillation reproduit, dans une autre direction, celle qui divise le fil enroulé de la cellule spiralée en formant un faisceau de fibrille. Ce fait annonce l'activité des courants (et en même temps leur direction), activité qui divise incessamment le protoplasma pendant la coagulation.

Il faut donc distinguer deux espèces de cellules bien différentes entre elles, celles qui dérivent des cellules spiralées et s'allongent en fibres et celles qui sont étoilées.

La Membrane. — Dans les cellules allongées

en fibres, la membrane de la cellule végétale devient la gaine de schwann. Dans les cellules étoilées la membrane se résorbe. Le noyau avec ses prolongements forme seul la cellule nerveuse.

Quant à la constitution élémentaire de la membrane elle ne me semble pas mieux connue dans les cellules interannulaires où elle est devenue la gaine de schwann que dans les cellules végétales. M. Van Tieghem la décrit ainsi : « Ordinairement le corps protoplasmique ne tarde pas à former dans son intérieur, à l'état de dissolution, une substance ternaire de nature encore inconnue, sans doute un hydrate de carbone, qui se rend peu à peu à la surface et s'y solidifie en une pellicule de cellulose, continue et transparente, limitée par un double contour; c'est la membrane ». (1)

---

(1) « Il y a plusieurs celluloses diversement condensées, sans qu'on soit arrivé encore à définir chaque degré de condensation par des propriétés et des réactions bien tranchées. Par l'ébullition avec les acides, la cellulose la plus condensée s'hydrate et se dédouble en un équivalent de maltose et en une cellulose moins condensée d'un degré. En prolongeant l'action celle-ci s'hydrate à son tour et se dédouble de la même manière. On arrive ainsi après trois ou quatre hydratations et dédoublements successifs, à la granulose bleuissant directement par l'iode, point à partir duquel le chemin nous est connu, qui par l'amidon soluble conduit aux dextrines pour aboutir d'abord au maltose et, enfin, au glucose. Le glucose est le terme final de l'action des acides sur la membrane. En résumé on voit que l'hydrate de carbone ($C^{12} H^{10} O^{10} n$) entre dans la constitution de la membrane au moins sous quatre états de condensation différente, le degré inférieur se confondant avec la granulose; chacun de ces états peut d'ailleurs offrir, comme on l'a vu pour la cellulose proprement dite, plusieurs modifications secondaires ».

Van Tieghem, *Traité de Botanique*, p. 568

Le Noyau. — Le noyau est le modificateur de l'influx nerveux : c'est donc la partie de la cellule qui a le plus d'importance. C'est lui que je suppose être le point de départ de la matière vivante. Il est doué d'une activité incessante, il se meut et change de forme à tous moments.

A son origine végétale il est homogène et transparent, mais un peu plus tard il s'y forme un ou plusieurs nucléoles, qui, eux-mêmes, lorsqu'ils sont assez volumineux peuvent contenir un nucléolule.

Dans les cellules nerveuses le noyau est encore grand comme il l'est dans les cellules végétales jeunes, vésiculeux et entouré d'une membrane. Le nucléole est volumineux et contient une vacuole qui est le nucléolule ; certaines cellules ont plusieurs nucléoles. A l'état frais il est homogène comme le noyau de la cellule végétale, mais il y apparaît bientôt des granulations qui sont des produits de coagulation semblables à ceux qui apparaissent dans le noyau de la cellule végétale qui commence à perdre son activité.

Quoique je me serve des mêmes termes pour parler de la cellule végétale et de la cellule nerveuse, il ne faut pas perdre de vue, cependant, que ce qui est le noyau de la cellule végétale étant devenu tout le corps de la cellule nerveuse, il faut reculer d'un degré, dans la cellule animale, toute cette série de noyaux emboîtés les uns dans les autres.

On trouve dans le protoplasma des cellules nerveuses des granulations qui proviennent de la *nucléine* végétale, matière albuminoïde contenant du phosphore dont on exprime ainsi la formule : $C^{29} H^{49} Az^{9} PH^{3} O^{22}$ (1).

Le Protoplasma. — Le protoplasma n'est pas moins important que le noyau, puisque c'est lui qui nourrit le noyau, qui entretient son activité par les échanges de matières qu'il lui fournit.

Etudier le protoplasma de la cellule végétale est chose beaucoup trop longue et trop difficile à faire, pour que je puisse seulement ébaucher cette étude ici. Faire l'histoire du protoplasma, c'est faire toute l'histoire de l'évolution chimique des corps organisés.

C'est dans le protoplasma de la cellule végétale active que se forment et se déforment presque toutes les substances organiques : l'amidon, la granulose, l'amylose, le maltose, la dextrine, la diastase, etc., etc., etc. Composés que l'on retrouve encore dans les animaux aux extrémités des nerfs où la régénération des tissus nerveux s'accomplit incessamment. Finalement c'est dans le protoplasma que prend naissance la myéline qui semble être le dernier terme de toutes ces transformations et

---

(1) « La *nucléine* est très-soluble dans les alcalis étendus, dans l'ammoniaque, ainsi que dans les acides chlorhydrique et sulfurique concentrés. Une dissolution de sel marin la transforme en une gelée cohérente et élastique.

« Quel est le rôle du noyau? Quel part prend la nucléine qui le compose essentiellement dans les phénomènes de nutrition et d'activité cellulaire? Est-il simplement le lieu de concentration et d'utilisation du phosphore? C'est ce qu'il n'est pas possible de préciser. » Van Tieghem.

que la circulation nerveuse est chargée de rejeter au dehors, comme un résidu devenu inutile à l'organisme.

Quelques auteurs ont appelé les trachées des *vaisseaux aériens*, parce qu'ils ont trouvé que le cylindre qu'elles forment par l'enroulement de leur fil est vide. Mais en même temps ils ont constaté que l'air contenu dans ces tubes vides (ou *autour* d'eux, lorsque le fil est déroulé) contenait 7 à 8 fois plus d'oxygène que l'air atmosphérique, c'est-à-dire non-seulement de l'air sans azote, mais de l'oxygène condensé.

Ce fait qui prouve que le courant qui parcourt le nerf est un courant d'oxygène libre — courant isolé autour du cylindre axe par la matière grasse qui l'enveloppe — a une importance considérable.

— Au point de vue physiologique puisqu'il nous révèle le principe de l'action nerveuse.

— Au point de vue pathologique en nous faisant connaître la cause des maladies nerveuses.

— Au point de vue philosophique en nous révélant *l'essence* de l'âme.

En effet, nous savons que le système nerveux se nourrit d'oxygène ; nous savons que cet oxygène lui est apporté par les vaisseaux sanguins et que la vie s'arrête dès que les hématies altérées ou en trop petit nombre ne lui apportent plus une quantité d'oxygène suffisante.

Quand les hématies diminuent, comme dans la chlorose, c'est le système nerveux qui souffre parce qu'il n'est plus alimenté. Donc le système nerveux s'alimente d'oxygène. Nous voilà revenus par la physiologie animale à ce que les botanistes avaient déjà trouvé par la physiologie végétale.

« L'action de l'oxygène sur la plante, dit M. Van Tieghem, consiste en une absorption qui s'opère sans discontinuité dans tous les points de son corps à la fois, et en une fixation continuelle de l'oxygène absorbé sur les diverses principes qui composent le protoplasma, en d'autres termes, en une oxydation continue ».

« Et il ne suffit pas, dit Weisner, que le corps soit en contact avec l'oxygène par l'une de ses parties, par exemple par ses racines ou par ses feuilles, si c'est une plante vasculaire, pour que l'ensemble puisse prospérer. La partie qui reçoit l'oxygène le consomme tout entier pour son compte; l'autre meurt asphyxiée.

Chaque partie du corps agit sur l'oxygène et en exige le contact indépendamment des autres » (1).

Le principe de vie enfermé dans le mucléole de la cellule primitive — ou de l'ovule — est un atome libre d'oxygène, possédant un degré de tension qui, dans l'avenir, imprimera un caractère particulier à chaque espèce, à chaque famille, à chaque individu.

Le noyau de la cellule nerveuse renferme dans son mucléole ce dépôt qui se transmet par hérédité.

---

(1) Wiesner. *Die heliotropischen Erscheinungen* 1878.

Lorsque l'oxygène apporté par les hématies est mis en liberté dans la cellule nerveuse il se propage dans ou sur le cylindre axe. Il pénètre dans les tubes nerveux par les étranglements en forme d'anneaux, que présente de distance en distance la membrane de schwann, et qui limitent les segments inter-annulaires.

Quand le protoplasma sépare de sa masse des composés quaternaires, ternaires ou binaires dans lesquels le carbone et l'hydrogène dominent, c'est que l'oxygène a été mis en liberté pour alimenter les courants nerveux. C'est alors qu'apparaissent les hydrates de carbone et les carbures d'hydrogène.

Les myélocytes sont des noyaux libres qui se forment chaque fois qu'il se fait une petite agglomération d'oxygène sur le parcours du nerf. Ils engendrent à leur tour des filaments nerveux, comme le font les cellules. Ces noyaux libres sont, du reste, considérés comme des cellules nerveuses rudimentaires.

Donc, là où il n'y a pas d'oxygène il n'y a pas de système nerveux — il n'y a pas de vie.

TOPOGRAPHIE

DU SYSTÈME NERVEUX

Décrire l'origine de la substance médullaire dans les végétaux, c'est décrire l'origine même de la plante. Tous les auteurs qui ont fait des traités élémentaires de botanique ont fait cette description sans se douter qu'ils faisaient, en même temps, l'histoire du corps de l'homme.

La matière primordiale forme un parenchyme cellulaire qu'on a appelé *méristème*, et qui remplit à lui seul toute la jeune tige à son origine.

Si nous considérons le tissu cellulaire végétal au moment où il se divise et forme, par cette division, une espèce d'étoile dont le centre deviendra l'étui médullaire et dont les espaces restés libres entre les faisceaux de fibres deviendront les rayons médullaires, nous voyons à ce moment déjà la différenciation des cellules du méristème primitif produire des cellules striées qui, plus tard, deviendront, en se modifiant, des trachées. Ainsi de même, si nous considérons les premières phases du développement embryonnaire de l'animal, nous voyons déjà à ce moment apparaître dans les cellules blastodermiques les cellules nerveuses qui bientôt vont engendrer les cylindres axe.

En lisant la description de l'apparition de ces éléments dans les traités de botanique, il semble qu'on la lit dans les traités d'embryologie, tant l'identité est complète.

Kölliker est un de ceux qui, en expliquant le développement de la moëlle dans l'embryon, font, sans s'en douter, de l'histologie végétale. « Au début, dit-il, la moëlle est formée de cellules rangées perpendiculairement à l'axe du conduit. Ces cellules ne tardent pas à se séparer en deux couches; les plus superficielles s'allongent en fibres disposées concentriquement autour du canal, tandis que les plus internes forment l'épithélium de l'épendyme ».

C'est ainsi que nous voyons, de même dans la plante, la moëlle être peu à peu circonscrite par les trachées déroulables qui sont, dans la jeune tige, les éléments qui se développent les premiers aux dépens du parenchyme cellulaire qui remplissait l'axe à son origine. Les trachées se rangent en zône autour du centre médullaire qu'elles refoulent sans cesse, et qui, du reste, finit par s'user. On retrouve ces éléments primitifs dans les animaux, formant l'épithélium de l'épendyme qui, d'abord épais et formé de plusieurs couches, se réduit progressivement à mesure que se développe la substance blanche.

Nous avons vu que les tubes fusiformes des trachées sont, au début, formés de cellules juxtaposées bout à bout, qui en se soudant entre elles forment des tubes continus ; nous avons vu que les tubes nerveux ont la même origine. Voilà donc un fait acquis. Il nous reste maintenant à étudier le trajet et la terminaison de ces tubes.

Le trajet des trachées déroulables est bien connu dans les plantes.

Nées de la moëlle primitive elles constituent aussitôt qu'elles sont formées *un point végétatif* qui se perd dans le bourgeon terminal ou dans chacun des deux bourgeons latéraux. Le sort du bourgeon terminal est d'augmenter la tige d'une zône annuelle ou d'une portion de moëlle destinée à cette zône. Le sort des bourgeons latéraux est de se répandre en expansions latérales qui, d'abord, se font jour au dehors dans une feuille suivi d'un rameau axillaire, mais plus tard restent enfermées dans la tige.

Les trachées nées de la moëlle se bifurquent donc dans chaque zône annuelle pour se répandre vers la périphérie de la tige.

Cette division des trachées, qui est représentée dans la figure 21 — qui nous montre une section longitudinale pratiquée dans la région terminale d'une tige dressée, — nous les fait voir formant trois faisceaux, l'un central et vertical, les deux autres obliques et latéraux.

Fig. 21.
Division en trois branches des trachées déroulables dans une tige dressée.

Nous les trouvons continuant la même disposition dans l'animal. La figure 22 représentant l'ensemble du système nerveux de l'homme nous montre les 31 paires de nerfs formées des rayons médullaires qui régnaient dans chaque zône annuelle.

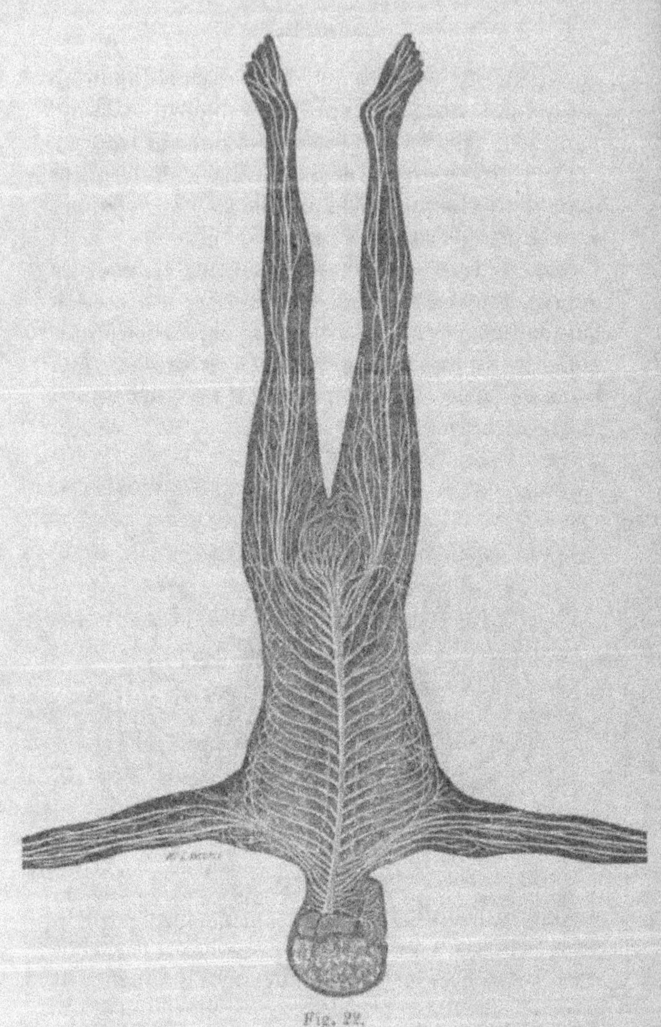

Fig. 22.
Division des nerfs en trois faisceaux dans le corps de l'animal.

Nous les voyons se bifurquant dans le corps de l'animal, comme elles le faisaient dans la tige, jusqu'au moment où le faisceau vertical se perd dans le sommet végétatif, représenté dans l'homme par la *queue de cheval*.

Donc, premier point : les trachées occupent toujours l'étui médullaire ou les parties qui en émanent, mais nul autre point du végétal. Elles constituent toujours l'élément vital du *point végétatif*. Donc, il n'y a de croissance, de formation nouvelle de tissu que là où elles aboutissent ; elles portent avec elles les éléments de vie qui engendrent et multiplient les cellules. Les éléments anatomiques qui occupent, dans l'organisme, les points qu'elles ont déjà traversés et abandonnés, se modifient encore, mais en suivant une évolution descendante qui les mène à la mort.

Il n'y a de genèse des tissus qu'au point d'arrêt des trachées. « C'est le corps médullaire, dit Sachs, qui est le moteur propre de l'accroissement dans les entre-nœuds une fois sortis du bourgeon. C'est par la traction qu'il exerce sur eux que les autres tissus deviennent aptes à s'allonger à leur tour, aussi longtemps du moins qu'ils sont suffisamment extensibles ».

La théorie de la régénération des nerfs et du développement continu du système nerveux de M. Ranvier, confirme absolument cette histoire de leur développement primitif. D'après M. Ranvier, les dernières ramifications nerveuses, tout en suivant le plan qui leur est imposé par leur organisation, c'est-à-dire le plan qui reproduit la morphologie végétale primitive, auraient une tendance à végéter continuellement à la périphérie, et elles ne seraient arrêtées dans leur croissance que par les obstacles qu'elles rencontrent.

Pendant la croissance de la plante, nous voyons chaque année le faisceau des trachées centrales aller se perdre dans le bourgeon terminal qui couronne la tige, et l'année suivante formera une nouvelle zône ligneuse et un nouveau prolongement médullaire. Les faisceaux latéraux, qui se dévient sous l'action des radiations solaires obliques, vont se perdre dans deux bourgeons latéraux. Pendant les premières années de croissance, ces faisceaux se font jour au dehors ; ils étalent les fibres dont ils sont composés suivant une disposition qui varie dans chaque espèce et forment ainsi une lame plate qui se remplit d'un parenchyme formé aux dépens de la moëlle de la trachée — la myéline — à laquelle viennent s'annexer les éléments atmosphériques. C'est une feuille.

Mais lorsque le faisceau ne se fait plus jour au dehors, le bourgeon reste à l'état rudimentaire. Nous le retrouvons, dans les animaux, occupant la place que les feuilles occupent sur les tiges. Ce sont *les corpuscules de Meissner.*

Ces rudiments de bourgeon sont encore, dans les animaux, de petits corps allongés, mais leurs proportions décroissent de jour en jour, aussi il ne faut pas s'étonner de les trouver très-réduits chez l'homme. Ils sont larges de 0 mm 03 à 0 mm 05 et longs de 0 mm 01 à 0 mm 05. Ces corpuscules sont formés au centre d'un bulbe qui est le cône du bourgeon dans lequel pénètre le cylindre axe directement ou après avoir fait un ou deux tours de spire, c'est-à-dire que la trachée se déroule en entrant dans une feuille ; elle se déroule parce qu'elle s'allonge (1).

Le nerf qui entre dans un corpuscule envoie sur son parcours, de distance en distance, des ramifications du cylindre axe qui prennent la disposition que prennent les trachées dans la feuille pour en déterminer le mode de nervation. Donc, en étalant l'extrémité d'un nerf sensitif avec ses ramifications, on y trouverait disposés, comme dans le bourgeon, les éléments de la feuille.

L'enveloppe du corpuscule, qui est un prolongement du périnèvre, formait les écailles du bourgeon. La myéline végétale mise en liberté les enduit d'une substance grasse qui se modifie à l'air.

La place occupée par ces bourgeons rudimentaires, dans les animaux, est restée celle où venaient aboutir les bourgeons normaux de la plante. On les trouve surtout à la pulpe des doigts

---

(1) Une des lois données par Sachs au sujet de la formation des feuilles est celle-ci : « Les feuilles naissent toujours du méristème primitif du point végétatif. Elles ne prennent jamais naissance sur les points de la tige où le tissu est complètement différencié. C'est toujours un cône végétatif déjà multicellulaire qui forme la première origine de la feuille. »

et des orteils, aux endroits où se produisaient autour de *la spirale génératrice* des spirales secondaires. Au niveau de la troisième phalange ils abondent, ils diminuent déjà sur la seconde et plus encore sur la troisième. Si bien que si les fibres qui aboutissent à ces corpuscules se faisaient encore jour au dehors pour donner naissance à une feuille, nos mains et nos pieds seraient encore des rameaux couverts de feuilles.

(Les feuilles restent à l'état de radicelles lorsqu'elles ne se développent pas à l'air, mais, à part cette différence, la terminaison des deux moitiés de l'arbre est identiquement la même, puisque sur un arbre *retourné* les radicelles se convertissent en feuilles).

De même qu'en dehors des extrémités il naît peu de feuilles sur les tiges, de même, ailleurs que sur les phalanges, on trouve peu de corpuscules de Meissner. On en signale quelques-uns cependant sur la peau de l'éminence hypothenar, mais il est rare d'en trouver sur le dos de la main ou sur l'avant-bras.

Jusqu'ici nous ne nous sommes occupés que du système sensitif qui, à l'origine, règne seul dans la plante. Il émane de la moëlle végétale qui se perpétue chez les animaux dans la substance grise.

Dans cet état la plante ne possède qu'un seul système nerveux — le système sensitif — et c'est pour cela qu'elle est plante. Cependant il ne faut pas croire que cela entraine un état d'hypéresthésie qui lui donne la conscience d'une sensibilité excessive, il n'en est rien, puisque la conscience naît de la réunion des deux éléments et qu'elle n'en possède encore qu'un seul.

Tant que le système moteur n'apparaît pas, le système nerveux de l'embryon est dans le même état d'organisation et de fonctionnement que celui de nos arbres. C'est un système dont le principe est *l'extransion*; il préside à la croissance, mais il n'engendre dans l'individu ni sensation, ni mouvements, ni conscience. La moëlle grise de l'embryon, comme la moëlle végétale, n'est pas sensible aux excitations mécaniques, chimiques ou électriques. Les excitations extérieures ne déterminent sur elle ni action motrice ni sensations douloureuses.

L'embryon chez lequel le système moteur n'a pas encore fait son apparition, possède le même degré d'innervation que nos arbres contemporains; donc, nous renvoyons ceux qui prétendent que les plantes sont dépourvues de système nerveux au développement embryonnaire de l'animal, pour leur montrer que les animaux aussi, pendant les premières phases de leur formation, ne possèdent qu'un système *impair*, incapable d'engendrer d'autres actions que les mouvements de croissance qui s'accomplissent actuellement dans les arbres.

Bichat disait : « *On dirait que le végétal est l'ébauche, le canevas de l'animal, et que, pour former ce dernier, il n'a fallu que revêtir ce canevas d'un appareil d'organes extérieurs propres à établir des relations* ».

Nous avons dit que le système sensitif est le principe de l'expansion, et, en effet, tant que ce système règne seul, la plante — ou l'embryon — continue son développement centrifuge. Ce sont sans cesse de nouvelles annexes, de nouveaux bourgeons qui complètent la ramification de l'individu et qui pourraient se répandre jusqu'à l'infini si l'apparition du système moteur, qui se développe dans une direction centripète, ne venait arrêter son élan.

En effet, le système moteur est éminemment coërcitif, et nous allons voir se dérouler sous nos yeux toutes les conséquences de cette faculté.

Dans la jeune plante, de même que dans le jeune embryon, nous ne trouvons aucune trace du système moteur. C'est, en même temps, l'absence totale de conscience et de mouvements volontaires. La plante ne possède encore que le mouvement magnétique, qu'on pourrait appeler *instinctif*, qui la fait obéir aux attractions et aux répulsions des forces extérieures (1).

Le système moteur n'apparaît dans la plante

---

(1) La force plastique interne du protoplasma, qui cause l'accroissement dans différentes directions, est une force magnétique. C'est l'attraction de l'oxygène de la plante pour l'oxygène des radiations solaires. Mais les autres forces réagissent contre cette force et tendent par leur action mécanique à modifier la forme de la plante.

qu'à une époque plus ou moins tardive, suivant les espèces. Lorsqu'il fait irruption, nous le voyons se présenter sous forme de rayons médullaires de formation secondaire, lesquels suivent une direction centripète.

Ces rayons médullaires naissent de la zône cellulaire — zône génératrice — formée à l'origine du cambium destiné à régénérer les tissus, et de là marchent vers l'intérieur. Cette zône est située entre l'écorce et le ligneux, *c'est-à-dire* entre le système cortical qui se développe de dedans en dehors, et le système central — musculaire ou osseux — qui se développe de dehors en dedans.

Cette zône contient des vaisseaux laticifères qui lui apportent le produit de la digestion. C'est donc dans les éléments de la nutrition que s'est formée l'électricité négative — ou, si l'on veut, l'oxygène négatif libre — qui a engendré des cellules nerveuses de formation secondaire.

On sait que dans la discussion à laquelle les physiologistes se sont livrés au sujet du développement du système nerveux, les uns ont fait naître les cylindres axe d'une expansion de la moëlle, tandis que d'autres ont supposé qu'ils se formaient sur place.

Cette opinion, qui est celle de Von Baer, ne mérite pas la peine d'être réfutée. Puisque ce sont les expansions nerveuses qui donnent à la plante sa forme, en dirigeant les *points végétatifs* dans différentes directions, il n'y a pas de *corps* avant l'apparition des nerfs sensitifs; donc, *dans quoi* naîtraient sur place les nerfs de Von Baer ?

Serres supposait que les nerfs périphériques se forment isolément et ne rejoignent la moëlle que progressivement.

Nous voyons, en étudiant le développement primitif, que Serres avait à moitié raison. Le système sensitif émane de la moëlle et suit, dans sa formation, une direction centrifuge ; mais le système moteur se forme à la périphérie et suit, dans son développement, une direction centripète. Remak avait aussi entrevu ce mode de développement, puisqu'il dit que les racines sensitives se forment à partir des ganglions et les racines motrices à partir des nerfs vers la moëlle.

Il est assez difficile de dire où les rayons médullaires de formation secondaire prennent naissance dans la plante, puisqu'ils proviennent du cambium dans lequel, et aux dépens duquel, ils s'organisent.

Le cambium c'est le sang, donc ils commencent dans le sang et, par conséquent, suivent des degrés de formation à travers les muscles (tissu ligneux) qu'ils traversent ; mais ils ne sont constitués, c'est-à-dire n'apparaissent à l'état de cellules donnant naissance aux cylindres axe que dans les bourgeons ou les boutons digitiformes qui forment les plaques motrices qui s'étalent sur les faisceaux musculaires (1).

(1) D'après Guerlack, l'arborisation terminale du nerf moteur ne serait pas sa terminaison, il y aurait dans le faisceau un mélange intime de la substance nerveuse et de la substance musculaire.

Ce point de départ des fibres motrices est connu dans les animaux, — seulement on l'appelle leur terminaison. — Cependant les cellules nerveuses musculaires desquelles partent les fibres motrices sont analogues aux cellules nerveuses qui, dans la moëlle, donnent naissance aux cylindres axe des nerfs sensitifs.

Ainsi donc tandis que les rayons médullaires primaires, dans lesquels naissent les filets nerveux sensitifs s'étendent toujours de la moëlle à l'écorce — de l'axe médullaire à la peau — les rayons médullaires secondaires, dans lesquels apparaissent les filets moteurs, partent d'un point plus ou moins enfoncé dans l'épaisseur du bois ou du tissu musculaire, et rayonnent de là vers le centre, en se plaçant entre les rayons médullaires primaires (1). Il n'y a pas, d'abord, de connexion entre eux ; ils restent, à l'origine, séparés les uns des autres ; cependant les filets moteurs avancent toujours et comme l'espace qu'ils parcourent entre les filets sensitifs se resserre de plus en plus, ils finissent par s'accoler étroitement à ces derniers lorsqu'ils arrivent au centre de l'étoile qu'ils forment, et, finalement, atteignent l'étui médullaire, mais

(1) Il ne faut pas confondre la direction de la formation du nerf avec la direction de son action. L'action est, au contraire, centripète dans les nerfs sensitifs qui viennent aux extrémités chercher des sensations qu'ils rapportent au cerveau, et centrifuge dans les nerfs moteurs qui, après avoir été au cerveau chercher des ordres reviennent les traduire en actions aux parties contractiles.

bien lentement, car dans une coupe transversale faite sur le tronc d'un chêne âgé de trente-sept ans, les rayons médullaires secondaires — générateurs des fibres motrices — n'arrivent pas à la moitié des rayons primaires (1). Ils sont donc bien loin encore de l'étui médullaire que, du reste, ils n'arrivent plus à atteindre dans les conditions actuelles de la végétation. Mais le jour où ils y arrivaient, le jour où ils parvenaient à s'insérer dans la moëlle en formant à leur point d'arrivée ce que l'on appelle *une racine motrice*, il devait se faire à ce moment, dans la plante, une révolution totale. Cet élément moteur qui lui arrivait, lui apportait tout d'un coup le mouvement.

Était-ce en même temps la conscience qui naît de la réunion des deux fluides ? Oui, sans doute, mais une conscience bien obscure à l'origine ; et ce n'est peut-être pas encore l'apparition des mouvements volontaires, car ils ne se produisent, sans doute, que le jour où l'extrémité de certains filets sensitifs, repliés sur eux-mêmes au lieu de se répandre au dehors en *points végétatifs*, viennent rejoindre, en formant une anse, un filet moteur, et, en même temps, lui apporter une *sensibilité récurrente*, sans laquelle les mouvements exécutés

(1) Ceci prouve l'erreur de Kolliker, qui prétend qu'à aucune époque on n'a observé de nerf moteur sans communication avec la moëlle, et, partant de là, veut faire naître les nerfs moteurs des organes centraux.

seraient inconscients et incohérents. On a constaté dans le développement embryonnaire cette apparition tardive du système moteur (1), mais sans en tirer les conséquences physiologiques et philosophiques que ce fait entraîne et, surtout, sans y apercevoir le démenti formel donné par la Nature à la théorie transformiste qui, à l'inverse de ce qui existe réellement, veut faire dériver les animaux supérieurs chez lesquels le développement de la motricité est un fait tardif, des espèces inférieures

---

(1) Kölliker, dans plusieurs chapitres de son *Embryologie*, constate ce fait. A la page 294 il dit : « Les protovertèbres se subdivisent en lames musculaires et en protovertèbre proprement dites. Cette dernière entoure ensuite généralement la corde de deux côtés, supérieurement et inférieurement, et envoie aussi vers le haut des prolongements qui investissent la moelle épinière.

Les prolongements supérieurs des protovertèbres étaient épais jusque sur le dos, à l'extrémité de la ligne médio-dorsale. La lame musculaire était bien développée et pénétrait jusqu'à une certaine distance dans le rudiment des extrémités. En dedans d'elle, on reconnaissait dans certaines coupes le rudiment des ganglions spinaux, sous forme de masses ovalaires accolées à la moelle, envoyant à la partie dorsale de celle-ci un prolongement. *Quant à la racine antérieure on n'en distingue rien encore* ».

Ailleurs Kölliker constate que sur un embryon de lapin de neuf jours on ne pouvait encore rien voir des racines antérieures et des cordons blancs de la moelle, et il croit que ces parties ne se montrent qu'au onzième jour.

Ses observations sur le poulet lui ont montré le même fait. « Quant à l'apparition des nerfs spinaux chez le poulet, dit-il, ces organes se montrent pour la première fois après les nerfs de la tête, à la fin du second jour, mais cela est seulement vrai des racines sensitives, *car les racines motrices apparaissent toujours plus tard* et pas avant le troisième jour ».

Enfin Van Beneden décrit une disposition de l'appareil moteur qui semble être comme un degré ultérieur de développement des cellules neuromusculaires chez l'*Hydre*.

chez lesquelles le développement du mouvement est précoce. Si les mammifères descendaient des derniers organismes de la série zoologique, ou même des poissons, ils seraient doués de mouvement dès les premiers développements de l'ovule, puisque l'on veut voir dans les premiers stades embryonnaires des formes correspondant aux poissons et aux articulés.

L'immobilité de l'embryon, qui reproduit l'état stable de la plante, est absolument inconciliable avec l'évolution transformiste ; c'est une preuve de plus, au contraire, en faveur de l'évolution végétale.

Le moment où les fibres motrices arrivent à l'axe médullaire est une heure de révolution dans la vie de l'arbre.

Le réveil de la motricité dans la plante — cette aurore de la vie animale — a une telle importance et de telles conséquences, c'est un fait si rempli d'étonnement, si étrange et si nouveau pour nous, que pour le décrire il faudrait non les expressions froides et mesurées dont on se sert dans les sciences naturelles, mais l'imagination et la plume d'un poète.

Il ne s'agit plus ici de compter les fibres et les cellules, d'expliquer leur arrangement, d'analyser leurs éléments, il s'agit d'un phénomène d'un ordre tout différent de ceux que nous avons étudiés jusqu'à présent.

Nous avons déjà expliqué l'origine de la vie inconsciente qui se traduit par les mouvements de la matière qui croit, s'annexe de nouveaux matériaux, se multiplie. Ici, c'est l'origine d'une autre existence ; c'est le *réveil du moi* ; c'est un être qui arrive à la vie dépourvu de tout héritage ancestral dans l'ordre intellectuel. Tout est nouveau pour lui, et son étonnement à la vue d'un monde extérieur qu'il ne soupçonnait pas — puis qu'il n'était pas — ne peut, d'aucune manière, être comparé à celui de l'enfant dont la raison s'éveille, car l'enfant apporte à la vie des facultés acquises par ses parents, un souvenir inconscient, vague, de l'existence de ses ancêtres, il *revient* au monde puisqu'il y rapporte une moëlle cérébrale déjà élaborée, des impressions déjà reçues, des facultés acquises. L'être nouveau n'apporte rien — il crée tout.

Comment concevoir ce qui dut se passer dans l'esprit naissant du premier arbre qui arriva à la vie animale ? Comment comprendre la première impression que nous avons dû éprouver le jour où nous nous sommes ainsi vus, subitement, mis en relation avec le monde extérieur, jusqu'alors inconnu pour nous — incréé pour nous ? L'action a-t-elle été lente, le réveil progressif ? C'est probable ; cependant, du moment où le contact des deux fluides a eu lieu il a dû se produire une impression instantanée, une commotion aussi rapide que l'étincelle électrique, une lueur intellectuelle. L'instant où s'est opérée l'insertion du filet moteur dans la moëlle sensitive a été le réveil subit de la conscience — l'origine de l'âme.

De quelles circonstances dépend, dans l'animal,

le développement plus ou moins prompt de la motricité ?

Nous avons vu, déjà, que l'agent du système nerveux est un courant d'oxygène libre. Nous avons vu, d'autre part, que nous vivons sur la terre entre deux oxygènes de tensions différentes.

Celui qui possède l'état moléculaire nécessaire pour engendrer les acides est celui qui se trouve enfermé dans le nucléole primitif de la cellule végétale — plus tard de la cellule nerveuse qui donne naissance aux fibres sensitives.

Donc, j'appellerai la série végétale *série acide ou positive*.

Celui qui possède l'état moléculaire qui engendre les bases est celui qui apparaît dans la cellule génératrice des fibres motrices.

Donc, j'appellerai la série animale *série alcaline ou négative*, puisque l'apparition du mouvement est l'aurore de la vie animale.

D'où provient cette invasion dans la plante d'un élément qui n'y existait pas dès le début ?

De la radiation ou de l'aliment, c'est-à-dire du milieu extérieur ou du milieu intérieur ; de la respiration ou de la nutrition.

Je n'examine pas l'origine de ce phénomène, je le résume dans ces trois mots : *un milieu alcalin*.

Je dois cependant faire remarquer que la tension de l'oxygène atmosphérique ayant subi de grandes variations pendant les âges géologiques de la terre, cette différence de tension de l'oxygène absorbé par la plante peut provenir uniquement de l'époque à laquelle elle visait — ou plutôt des changements atmosphériques survenus pendant le cours de sa vie.

Cette cause générale nous expliquerait pourquoi ce phénomène autrefois constant (l'apparition de la motricité dans les arbres) ne s'accomplit plus du tout aujourd'hui.

Mais il y a aussi des différences qui proviennent de la plante elle-même ; des différences de degrés qui font le caractère essentiel de l'espèce, et lui assignent, ainsi qu'à l'animal qui en dérive, sa place dans la série organique. Ces différences existent encore dans nos plantes modernes. « L'absorption d'oxygène varie avec la nature de la plante, dit M. Van Tieghem. Les feuilles absorbent très-inégalement l'oxygène ; les feuilles grasses et celles des herbes des marais sont au bas de l'échelle, elles n'absorbent en vingt-quatre heures que 0,7 à 0,8 de leur volume d'oxygène. Les feuilles persistantes des arbres toujours verts sont au milieu ; les feuilles caduques sont les plus actives. Celles de l'abricotier et du hêtre, par exemple, consomment jusqu'à huit fois leur volume en vingt-quatre heures. »

Quant à l'emploi de l'oxygène absorbé, il n'a pas encore été découvert par les botanistes. Ils comprennent bien qu'il se fait une oxydation dans la plante ; mais ils ne voient pas par quel mécanisme ; ils ne connaissent pas la *circulation nerveuse* qui s'établit par le moyen des trachées déroulables, pour aller porter la vie aux parties nouvelles de la plante.

« L'oxygène qui, en vertu des lois physiques d'osmose et de diffusion, dit M. Van Tieghem, a pénétré dans la plante, s'y trouve continuellement employé à oxyder les divers principes du corps, et c'est cet emploi même qui provoque et qui règle l'absorption de ce gaz.

Chez certaines plantes cette faculté oxydante acquiert un degré d'énergie tel qu'en très-peu de temps elles oxydent une grande quantité de la substance dont elles font leur nourriture et la rejettent au dehors aussi transformée.

Dans la majorité des cas, c'est-à-dire dans toutes les plantes ordinaires, on ne connaît ni l'un ni l'autre terme de la réaction, et *le mode d'emploi de l'oxygène demeure caché* ».

Ainsi donc, le dualisme nerveux qui s'établit en nous reproduit, dans la matière vivante, les deux principes magnétiques qui gouvernent notre planète. C'est un lien de plus qui nous rattache aux grandes causes qui régissent l'Univers.

Du moment où les rayons médullaires se forment il s'établit dans la plante deux courants — l'un centripète, l'autre centrifuge.

L'un — le courant positif — qui, en repoussant les faisceaux fibro-vasculaires du liber vers la périphérie est l'origine d'une formation exogène, l'autre — le courant négatif — qui, en repoussant les faisceaux de l'aubier vers le centre engendre une formation endogène.

De ce moment, l'activité génératrice qui est d'abord, et exclusivement centrifuge, devient centripète. C'est là un fait capital puisque c'est ce mouvement reflexe qui engendre le fonctionnement du système nerveux.

Mais comme le courant moteur est celui qui agit avec le plus d'énergie, les couches annuelles qui subissent la formation endogène seront plus fortement poussées et pressées les unes contre les autres que les couches du système cortical. Ce qui fait que l'ossification se fera vers le centre et non vers la périphérie.

Les modifications chimiques que le courant négatif fera subir aux éléments qui suivront la direction centripète seront celles qui s'opèrent dans un milieu alcalin; on leur doit la formation des os. Les modifications subies par les éléments qui obéissent à une formation centrifuge seront celles qui se produisent par l'action des acides; on leur doit toutes les formations corticales, la sécrétion des glandes, les principes sucrés, astringents, ou autres contenus dans les écorces, les productions subéreuses qui forment le cuir des animaux, etc.

Cependant l'action motrice exercée par le courant négatif sur les tissus qu'il rencontre devait être bien plus forte lorsque ce courant n'arrivait pas encore à la moëlle et se perdait au milieu des couches ligneuses qu'elle ne l'est plus tard, car, du moment où la fibre arrive à la moëlle et s'y insère, c'est dans le canal médullaire que le courant se répand et se propage.

Donc, du moment où la motricité s'éveille dans la plante l'ossification s'arrête, ou, au moins, le travail commencé diminue beaucoup. Par conséquent, le jour où l'insertion des racines motrices a eu lieu l'ossification était déjà très avancée, sinon achevée.

L'action nerveuse du courant moteur, pendant le développement, est l'agent de l'ossification pour deux raisons : elle engendre la pression centripète des couches ligneuses; elle apporte au milieu du tissu fibreux de nouveaux éléments provenant tant de l'oxygène que contient la trachée que de la myéline que le courant entraîne.

Ces éléments, en modifiant le tissu fibreux engendrent l'osséine et deviennent ainsi la substance fondamentale du tissu osseux.

Je reprendrai cette question lorsque je m'occuperai de l'action chimique du système nerveux.

Lorsque les fibres motrices arrivent à s'insérer dans la moëlle, les éléments qu'elles abandonnaient dans le tissu osseux arrivent au canal médullaire. C'est l'apparition de la substance blanche. Donc la substance blanche se forme après la substance grise, sur la surface de laquelle on la voit, dans l'embryon, venir s'appliquer. C'est à ce moment que les cornes de la substance grise commencent à se dessiner. Chez l'embryon humain cela se passe vers le troisième mois, un peu avant l'apparition du mouvement (1).

---

(1) « La première ébauche de la moëlle ne comprend en elle que l'épithélium et la substance grise; les cordons blancs et la commissure n'apparaissent qu'en seconde ligne, sous

Le refoulement de l'étui médullaire, dont nous avons étudié la cause dans le chapitre précédent, empêche totalement la formation des rayons médullaires secondaires du côté où l'axe est refoulé. Donc, le côté postérieur des animaux ne possédera jamais de racines motrices. Ces racines ne commencent à arriver aux fibres sensitives qu'en se rapprochant du côté antérieur.

Les filets sensitifs qui émanent de la moëlle ne sont pas détruits par le refoulement, mais seulement déviés.

Cette déviation engendre la direction que prennent les cornes postérieures — ou dorsales — de la substance grise, et la courbure que décrivent dans leur trajet les faisceaux de fibres qui en émanent (1).

Dans le mouvement de retour que les faisceaux postérieurs exécutent pour revenir vers la partie antérieure du tronc, ils rencontrent d'autres filets sensitifs auxquels ils se réunissent. Il en résulte des nappes de fibres entrecroisées dans tous les

---

forme de revêtement extérieur. Comment? C'est ce qu'il reste encore à préciser.

Tandis que le canal central diminue peu à peu, la substance grise ainsi que la bordure blanche augmentent de masse, surtout cette dernière. » KÖLLIKER.

(1) « Les ganglions deviennent si gros qu'ils forment plus tard une ligne continue. Pendant cette croissance ils changent aussi de position et de la région latérale de la moëlle épinière contre laquelle ils étaient au commencement étroitement appliqués, ils s'avancent de plus en plus vers la face abdominale et les trous intervertébraux ».

KÖLLIKER, *Embryologie*, p. 626.

sens, tandis que les faisceaux antérieurs, et même les faisceaux latéraux, qui ont suivi librement la direction qu'ils occupaient primitivement dans la tige, sont formés de tubes rectilignes ou parallèles. Il est des faits que le développement embryonnaire exagère. Ainsi le refoulement de l'axe qui est progressif et lent dans l'arbre porte rapidement, dans l'embryon, la moëlle à l'extrémité dorsale, et, en même temps, la ligne médiane postérieure de l'embryon se creuse en gouttière, cette goutière se ferme peu à peu, le sillon dorsal d'abord ouvert est clos dès qu'il existe déjà quelques protovertèbres, et alors la moëlle s'allonge à son extrémité postérieure *en tant que tube fermé ; « fait remarquable* dit Kölliker, *qui montre qu'il n'est pas nécessaire que le tube médullaire apparaisse en première ligne sous forme de sillon* ».

Je ne m'arrête pas ici à décrire les vaisseaux réticulés qui se forment dans les faisceaux ligneux et viennent occuper, autour de la moëlle, la place qu'ils conserveront dans l'animal, parce que cette formation vasculaire ne se rattache pas directement à l'histoire du système nerveux. Je ne dirai qu'un mot à ce sujet, c'est que l'histoire du développement végétal prouve que la formation du système nerveux est antérieure à la formation du système vasculaire.

L'apparition des rayons médullaires a lieu dans la tige à une époque extrêmement reculée, et l'apparition des trachées dans les rayons médullaires a lieu au même moment que l'apparition des trachées dans l'axe — ou le névraxe. Nous voyons de même, dans l'embryon animal, les nerfs périphériques, qui se forment des expansions rayonnées de la moëlle, se développer avec une extrême rapidité, avant tous les autres tissus. Nous les voyons, comme dans la plante, organiser des *points végétatifs* qui vont porter la vie et l'accroissement aux extrémités périphériques du corps de l'animal.

A l'origine de la plante, de même que dans les premiers temps du développement embryonnaire, la moëlle et les rayons médullaires ont des proportions considérables. On peut dire qu'à un moment donné ils règnent seuls. Il en est de même dans l'embryon. Mais la moëlle, comme les rayons médullaires, diminue sans cesse de volume, en raison des pressions que lui font subir les nouveaux faisceaux fibro-vasculaires qui, chaque année, et à tout instant même, viennent s'annexer aux premiers formés. Finalement les rayons arrivent à n'être plus que des lames extrêmement fines, des lignes rayant horizontalement la tige, et d'autant plus nombreuses qu'un plus grand nombre de faisceaux fibreux est venu diviser le rayon médullaire primitif.

Non-seulement les nerfs s'amincissent en vieillissant, mais on dirait que l'exiguité de leur calibre est en raison de l'intensité des sensations qu'ils conduisent. Ainsi ils sont plus volumineux dans les plantes que dans les animaux ; ils le sont encore plus dans les insectes que dans les mammifères. Les nerfs moteurs qui proviennent d'une formation secondaire, c'est-à-dire qui n'ont pas dans l'animal le même âge que les nerfs sensitifs, sont formés de fibres plus grosses.

Il résulte de cette étude du développement primitif des tubes nerveux que les fibres primitives — qui sont sensitives — ne sont pas *insérées* dans la moelle, puisqu'au contraire elles en sont la continuation, l'expansion. Du reste, on est d'accord à reconnaître que la texture des fibres sensitives établit entre elles et la moëlle une solidarité constitutionnelle et fonctionnelle ; ce qui se trouve prouvé par ce fait qu'un seul nerf sensitif empoisonné empoisonne tout le système, tandis qu'il n'en est pas ainsi dans les nerfs moteurs. Ce qui est confirmé aussi par leur situation. Les faisceaux des racines postérieures ont une direction longitudinale, tandis que les faisceaux des racines antérieures ont une direction transversale.

La croissance de la tige s'opère par l'annexion de nouveaux tissus formés aux dépens des éléments apportés par les trois bourgeons qui, chaque année, couronnent la tige, c'est-à-dire que le faisceau de trachées formé dans chaque zône médullaire se divise en trois groupes qui vont chacun se perdre dans un bourgeon. Nous devons donc retrouver dans le développement embryonnaire ces trois groupes primitifs de fibres (ou les cellules propres à les engendrer) ; nous devons les voir se dessiner dans les zônes annuelles, c'est-à-dire dans les protovertèbres. Le développement embryonnaire est si rapide qu'on n'a, sans doute, pas encore pu le suivre dans de semblables détails, mais cependant on a constaté l'existence des trois groupes de cellules génératrices dans le renflement lombaire et le renflement cervical, où cette division est plus apparente, puisque là le développement des bourgeons latéraux est destiné à fournir des rameaux qui, en se fixant, deviendront les membres primaires. Ces trois groupes de cellules, qui correspondent aux bourgeons axillaires, sont représentés comme constituant un groupe *interne*, un groupe *antérieur* et un groupe *postérieur*.

Nous avons vu, en faisant l'histoire du squelette, que le développement s'active vers la douzième année de vie de l'arbre. C'est à ce moment que se produisent dans la moëlle les renflements cervical et lombaire ; c'est à ce moment que les ramifications latérales qui, jusque-là, ne s'étaient manifestées dans la plante que sous la forme d'expansions peu durables — ou seulement de feuilles — se laissant plus fortement influencer par la radiation solaire latérale, se bifurquent d'une façon définitive et durable. Les faisceaux de trachées qui se dévient de l'axe médullaire dans cette direction oblique, continuent à se diviser et à se subdiviser comme le rameau lui-même, — puisque c'est *la direction* de l'élément nerveux qui engendre le squelette lui-même. Donc le système osseux n'est pas antérieur au système nerveux, mais il se développe après lui et se moule sur lui. Si nous avons montré les vertèbres comme représentant le nombre d'années de croissance de la plante, c'est parce que leur division annuelle et leur superposition *saute aux yeux*, mais il est plus exact de représenter la croissance annuelle par les trente-une paires de nerfs (dans l'homme) qui, chacune, résument les faisceaux de trachées que chaque bourgeon annuel a produit.

Le système osseux est donc solidaire du système nerveux, et, pour faire varier l'un dans ses dispositions, il faudrait faire varier l'autre.

L'idée fantastique des transformistes de vouloir augmenter ou diminuer le nombre de pièces du squelette est aussi impossible physiologiquement qu'elle est, du reste, impossible chimiquement, puisque le travail lent de l'ossification est une œuvre du temps qui ne peut s'accomplir que pendant les phases de la vie végétale, alors que les éléments cellulaires sont encore plastiques, et alors que le développement du système moteur, qui contribue par son action chimique à cette formation, n'est pas achevé.

Donc, le squelette est un ensemble de pièces immuable dans ses dispositions, qui tient l'individu enchaîné dans un cercle dont il ne peut sortir. C'est le système nerveux qui règle la position des organes, c'est lui qui apparaît le premier de tous, c'est lui qui donne à la plante son architecture par les différentes directions qu'il suit dans l'espace. Et ces différentes directions sont le résultat des attractions ou des répulsions qu'exercent sur lui les radiations.

La formation du système nerveux nous ramène donc encore à ce fait — que je ne saurais me lasser de faire remarquer et admirer — la solidarité de l'organisme avec les forces cosmiques qui roulent les mondes, qui entraînent les astres dans l'espace, qui les enflamment ou les éteignent, en un mot la relation qui lie la matière organisée à cette grande cause qui résume tout : la force.

Abordons maintenant la seconde partie de ce chapitre : la formation de la masse médullaire cérébrale et de ses dépendances, les nerfs craniens.

Si nous comptons, en partant du cœur — qui est le collet organique à partir duquel les forces divergent (1) — le nombre de vertèbres qui s'élèvent et le nombre de vertèbres qui s'enfoncent, nous voyons que le nombre de zônes annuelles produites par le développement de chaque année de végétation n'est pas égal dans les deux directions. La zône médiane qui s'est formée la première, par le développement du premier mérithalle, n'occupe

---

(1) « Si l'on examine attentivement la manière dont s'opère l'allongement de l'axe, on verra qu'à un niveau situé à une certaine distance, au-dessous de la base ou insertion des cotylédons, l'accroissement s'opère dans deux sens opposés et par des procédés différents. La partie située au-dessous de ce niveau s'accroît de haut en bas et par le développement d'un nouveau tissu à son extrémité seulement (à peu près, organisation à part, de la même manière que s'allongent les stalactites) au contraire, la partie de l'axe qui est située au-dessus de ce niveau s'allonge, non pas précisément de bas en haut, mais par tous les points à la fois de son étendue, de sorte que le résultat général est l'élongation d'une partie qui existait déjà toute entière. Cette élongation par tous les points simultanément est analogue à celle qui a lieu pour chaque membre d'un animal, lorsqu'il passe de l'état jeune à l'état adulte. »

Germain de Saint-Pierre. *Dictionnaire de botanique.*

pas la même situation dans les différentes espèces animales. Dans l'homme le cœur se place à peu près devant les cinquième et sixième vertèbres dorsales, — sa pointe arrive au septième espace intercostal, — mais il est des animaux où le collet organique est beaucoup plus près de la racine, d'autres chez lesquels il en est beaucoup plus éloigné (les oiseaux). Parmi les mammifères même il doit y avoir, suivant les espèces, des différences de degrés dans la place occupée par le cœur. Ceci ne dépend pas d'un changement de place de l'organe, puisqu'il ne se meut pas, mais de la croissance intercalaire plus ou moins active de la moitié inférieure de l'arbre.

Nous avons déjà expliqué comment la croissance de la tige est déterminée par le géotropisme qui la pousse de bas en haut, retardée par la pesanteur qui la repousse de haut en bas, et déviée par l'héliotropisme qui attire le protoplasma dans des directions plus ou moins obliques.

Mais ces forces agissent avec des intensités différentes suivant la nature des plantes sur lesquelles elles s'exercent. Donc, de la nature chimique du protoplasma primitif dépend la rapidité ou la lenteur de la croissance de l'arbre dans une direction ou dans l'autre. Les plantes fortement géotropiques — ou électro-négatives — se développent avec vigueur dans leur partie aérienne ; leur tige médiane ne s'épuise jamais à la première bifurcation des branches ; mais, chez elles, le développement de la moitié souterraine marche moins vite il est même quelquefois nul comme dans les tiges sarmenteuses.

Dans les plantes fortement héliotropiques — ou électro-positives — en même temps que la tige aérienne s'élève moins, la tige hypogée s'enfonce davantage; par conséquent les plantes ligneuses qui s'élèvent peu devraient s'enfoncer beaucoup, puisque la partie inférieure de la tige obéit aux forces contraires à celles qui élèvent sa partie supérieure.

On devrait donc trouver les couches annuelles descendantes d'autant plus nombreuses que les couches annuelles ascendantes le seraient moins. Cependant il n'en est rien. Pendant que le nombre de zônes annuelles que la tige aérienne fournit varie suivant les espèces dans de très-grandes proportions, puisque certains animaux ont un nombre de vertèbres caudales qui manquent complétement chez d'autres, le nombre de couches descendantes est invariable et forme toujours cinq vertèbres dorsales au-dessous du cœur, et sept vertèbres cervicales. (Les animaux qui ont exceptionnellement plus ou moins de vertèbres cervicales sont si rares qu'on peut négliger d'en tenir compte).

Mais si les couches souterraines n'augmentent pas suivant les espèces, cela ne veut pas dire que l'expansion des éléments histogènes s'arrête; elle continue, au contraire, à opérer avec activité la multiplication, dans cette direction, des éléments qui naissent du méristème primitif, mais elle cesse de fournir de nouvelles zônes ligneuses, parce que, à partir d'un point déterminé, l'accroissement souterrain s'arrête subitement. Alors la moëlle s'accumule, et son accumulation est d'autant plus grande que la tige souterraine devrait s'enfoncer plus profondément, puisque la quantité d'éléments qui s'agglomère à cet endroit devrait se repartir dans un nombre plus ou moins grand de nouvelles zônes.

Nous avons examiné ailleurs la cause qui détermine la courbure du pivot, nous n'y reviendrons pas. Les éléments médullaires déviés par cette courbure continuent pendant quelque temps à se propager horizontalement et formeraient ainsi une tige souterraine coudée, si cette croissance anormale ne s'arrêtait bientôt elle-même, parce que les forces qui s'entrecroisent au collet organique étant toujours verticales dans les deux directions, n'agissent plus sur la moëlle lorsqu'elle se place horizontalement. La position des hémisphères cérébraux est le résultat de cette courbure. De la durée plus ou moins longue de cette croissance horizontale dépend la forme du crâne. Si la croissance s'arrête brusquement (dans le genre humain), la tête est brachycéphale ; si elle se prolonge, le crâne devient dolycocéphale.

Pour comprendre la façon dont l'accumulation progressive de la moëlle s'est opérée dans la racine primaire, il suffit d'examiner la façon dont se forme le cerveau dans l'embryon. Le premier stade embryonnaire nous représente d'abord la tige simple,

A l'extrémité céphalique de la tigelle que forme l'embryon, on voit, peu à peu, se dessiner des bosselures qui représentent l'accumulation médullaire des couches annuelles, arrêtées dans leur croissance descendante par la courbure du pivot. Ces bosselures ont été appelées *cellules cérébrales*. Leur développement donne naissance aux différentes parties qui composent l'encéphale. Le développement embryonnaire, à partir de ce moment, est difficile à suivre dans le règne végétal, puisqu'il existe entre le point d'arrêt de la végétation actuelle et l'état présent des animaux une énorme lacune, représentant tous les siècles de végétation qui devraient se dérouler — dans les conditions atmosphériques voulues — pour faire passer nos arbres actuels à l'état animal.

Ce n'est donc que par l'imagination et par l'observation du développement embryonnaire, que nous pouvons reconstituer tout le travail de formation qui a dû s'opérer.

L'étude de l'embryon nous montre la cellule cérébrale antérieure, augmentant considérablement de volume, et donnant naissance aux hémisphères cérébraux et à toutes les dépendances de la partie antérieure du cerveau. Il est certain que c'est ainsi que la formation végétale a dû s'opérer ; l'accumulation médullaire a dû être refoulée dans la partie extrême du pivot, puisque la force magnétique qui occasionnait la croissance hypogée la pressait de haut en bas.

C'est vers la fin du premier mois que les bosselures de l'extrémité encéphalique de l'embryon annoncent la courbure du pivot. C'est vers le quatrième mois que les différentes parties de l'encéphale sont nettement dessinées. Il s'est donc passé un temps assez long entre le commencement de la formation encéphalique, et — je ne dirai pas sa fin, car l'évolution n'a pas de terme — mais son complément. Car trois mois de vie embryonnaire représentent de longues années de vie végétale. Cependant le développement encéphalique continue; la substance médullaire, qui n'a pas trouvé le moyen de se loger dans la partie antérieure du pivot, s'étend dans la partie moyenne, puis postérieure du crâne, c'est alors que les circonvolutions commencent à se dessiner. La formation du cervelet qui commence vers le troisième mois, semble représenter l'époque à laquelle les rayons médullaires de formation secondaire sont arrivés à s'insérer dans l'étui médullaire et ont apporté à la moelle de nouveaux éléments nerveux. En descendant dans le canal médullaire ces éléments sont venus former, des deux côtés du bulbe rachidien, deux lames qui, en se recourbant l'une vers l'autre, ont fini par se rejoindre et par former la paroi supérieure du quatrième ventricule, qui deviendra le cervelet.

Les méninges qui se sont formées des fibres que nous trouvons, dès l'origine, dans l'étui médullaire, à côté des trachées, se forment en même temps que le système nerveux.

Il est évident que ce sont là les phases qu'a dû

suivre l'accumulation médullaire pour arriver à former l'encéphale.

Mais cette moëlle accumulée, qui a besoin d'expansion, comme celle que nous avons vue se répandre en ramifications indéfinies dans la partie aérienne de l'arbre, tout en s'accumulant à ce point d'arrêt, commence bientôt à organiser des *points végétatifs* qui se font jour au dehors. C'est la naissance des nerfs craniens.

Les premiers formés ont dû être ceux qui appartiennent à l'ordre sensitif, puisque ce système est le premier qui fonctionne ; les nerfs craniens d'ordre moteur ont dû se former postérieurement (1).

Je ne m'arrête pas ici à examiner la formation et le fonctionnement de chaque paire nerveuse cranienne, parce que dans une chapitre suivant je suis obligé d'y revenir et de m'y étendre longuement, surtout sur l'un de ces nerfs, le nerf optique qui prend naissance dans le dernier renflement de la moëlle et forme d'abord deux énormes bourgeons dont le développement ultérieur produira la membrane rétinienne si intéressante à étudier, tant au point de vue de son organisation que de son fonctionnement.

---

(1) « Parmi les nerfs céphaliques purements moteurs, je n'ai étudié jusqu'ici, chez le lapin, que l'*oculomotorius* et le *trochlearis*. Ils se montrent notablement plus tard que les nerfs à ganglion, et il ne m'a pas été possible jusqu'à présent de rien en voir avant le douzième jour. »

KÖLLIKER, *Embryologie*, p. 632.

Quant au système nerveux, grand sympathique, son apparition dans la plante coïncidant avec la fleuraison, je m'en occuperai au chapitre de la reproduction.

Pour terminer ce chapitre, quelques observations à l'appui de la théorie que je viens d'exposer.

— La moëlle végétale, unique à son point de départ — et pendant toute la vie végétale — est l'origine de la substance médullaire grise. Elle engendre les facultés sensitives, mais ces facultés ne fonctionnent, ne deviennent conscientes que lorsque l'élément contraire lui est annexé.

Cette moëlle occupe seule les centres médullaires des végétaux, comme elle occupe seule les centres médullaires de l'embryon.

La substance blanche, qui est apportée par l'élément moteur, n'apparaît qu'à la fin de la vie embryonnaire. Dans nos végétaux actuels elle n'apparaît pas du tout, puisque son apparition coïncide avec le réveil de la conscience et du mouvement, ou plutôt engendre le mouvement et la conscience.

Les plantes, *tant qu'elles sont plantes*, sont donc privées de mouvement, puisque du moment où le mouvement apparaît en elles ce ne sont plus des plantes, ce sont des animaux. Par conséquent, les auteurs qui ont voulu trouver dans les plantes des facultés motrices autres que les mouvements magnétiques, se sont égarés. Mais si les plantes sont privées de mouvements elles sont douées d'une sensibilité inconsciente ; ce qui le prouve c'est que les anesthésiques agissent puissamment sur elles ; fait démontré par Cl. Bernard.

— Il résulte encore de ce qui précède que les nerfs sensitifs possèdent une sensibilité directe qu'ils tirent des centres nerveux, que les nerfs moteurs possèdent une sensibilité récurrente qu'ils tirent du nerf sensitif.

— Que le courant propre du nerf qui se propage de la périphérie au centre n'appartient qu'au nerf moteur.

— Que le bout central des racines antérieures, c'est-à-dire leur point d'insertion dans la moëlle, est muni d'un renflement qui s'est produit à leur arrivée, tandis que leur bout périphérique n'en a pas.

— Que les fibres sensitives, au contraire, sortent de la moëlle sans renflement, on pourrait dire sans racine, puisqu'elles en sont la continuation, l'expansion. Ainsi donc, indépendance des nerfs moteurs, solidarité des nerfs sensitifs.

— Que la section du nerf moteur détermine une altération qui marche du centre à la périphérie — c'est-à-dire dans une direction inverse de celle qu'il a suivie pour se former — puisque lorsque la vie se retire elle retourne vers sa source — que, au contraire, la section du nerf sensitif détermine une altération qui marche de la périphérie vers le centre. Si les deux nerfs émanaient de la moëlle, il n'y aurait pas de raison pour que l'altération après la section marchât dans deux directions opposées.

— Que les cordons postérieurs, ceux qui proviennent des rayons médullaires situés du côté de la tige que le refoulement de l'axe fait disparaître, viennent occuper dans l'embryon des positions postéro-latérales, à une époque qui correspond au changement de position de la tige. C'est vers le sixième jour dans l'embryon humain.

D'après Pierret, cependant, ce ne serait qu'à un mois et demi que commenceraient à paraître les cordons latéraux.

Enfin les racines antérieures dont l'apparition représente le moment où les filets moteurs sont venus s'insérer dans l'axe médullaire, se montrent dans l'embryon à une époque plus ou moins tardive suivant les espèces.

— Le développement de l'embryon se fait d'abord par l'extrémité céphalique parce que le développement de la plante commençait par l'extrémité radiculaire.

M. His attribue les incurvations de la tête à la résistance des replis amniotiques. Quand je lis de pareilles choses je suis saisi d'étonnement en face de ce manque de logique inconscient.

Si le développement embryonnaire ne fait que reproduire les phases du développement primitif, pourquoi cherchez-vous dans le développement embryonnaire *les causes* qui ont agi dans le développement primitif, et dont les *effets transmis* ne font que recommencer à se manifester dans la vie fœtale, mais en l'absence des causes qui n'agissent plus.

J'ai expliqué comment s'opère la courbure du pivot et celle des branches, j'ai montré que ce fait, comme tous ceux qui concourent à créer l'ensemble de l'organisme, est dû à une grande cause cosmique. A côté de cela combien nous semble mesquine la petitesse de l'esprit des hommes qui attribuent à de si grands effets de si petites causes.

POINT DE DÉPART DE LA SÉRIE VÉGÉTALE

ET DE LA SÉRIE ANIMALE

Le protoplasma primitif — quel que soit le nom qu'on lui donne : méristème, métaplasma, blastème, etc, — est une matière amorphe douée de propriétés magnétiques en vertu desquelles elle s'étire dans différentes directions. C'est de ce caractère que dépend l'expansion de la plante, c'est-à-dire sa croissance et sa forme.

C'est donc de la composition chimique du protoplasma que résulte toute la structure de l'arbre — et le squelette de l'animal — et cette structure serait toujours la même dans un lieu donné si le protoplasma végétal avait la même composition dans toutes les plantes (1).

---

(1) « Puisque le corps de la plante est composé de cellules, quelquefois d'une cellule unique, bien plus souvent d'un grand nombre de cellules juxtaposées se ressemblant toutes par leurs propriétés générales, la physiologie générale de la cellule se

Mais de même que l'oxygène en s'unissant à certains éléments, peut former plusieurs composés (souvent cinq, exemple les composés oxygénés du chlore, de l'azote) de même, en présence des éléments qui sont le point de départ de la matière organique, il peut former plusieurs composés.

On ne doit donc pas parler de *la cellule* initiale, mais *des cellules* initiales. Les différences qui existent entre elles résultent de *la manière d'être* de l'oxygène, soit dans ses proportions, soit dans son

---

confond avec la physiologie générale externe du corps. Tout ce qui a été dit des conditions extérieures que la plante exige pour manifester sa vie, de la double action qu'elle exerce en vivant sur les diverses parties constitutives, pondérables et impondérables, du milieu externe, soit qu'elle y puise, soit qu'elle y verse à la fois de la matière et de la radiation, des diverses phases enfin qu'elle traverse dans sa lutte pour l'existence, tout cela s'applique directement à la cellule elle-même et en particulier au protoplasma.

C'est le protoplasma qui est cette donnée primitive et mystérieuse dont on a vu qu'il faut nécessairement partir pour étudier le développement de la plante. C'est le protoplasma qui, pour entretenir sa vie et notamment pour croître, exige une certaine nature et une certaine intensité de radiations, une certaine quantité et une certaine qualité d'aliments. C'est en modifiant inégalement la croissance du protoplasma que la pesanteur, la radiation, l'eau, la pression, etc., provoquent dans le corps des courbures géotropiques, héliotropiques, thermométriques, hydrotropiques, etc.

Plus tard, c'est encore en agissant sur le protoplasma développé que la pesanteur détermine les mouvements géotactiques, et la radiation les mouvements phototactiques. C'est le protoplasma qui absorbe des radiations, de l'oxygène, de l'eau et des substances dissoutes; c'est lui qui émet des radiations, de l'acide carbonique et quelquefois d'autres gaz, de la vapeur d'eau et parfois de l'eau avec des solutions dissoutes. En un mot, toute l'activité exerne de la plante n'est autre chose que l'activité même du protoplasma. »

Van Tieghem, *Traité de Botanique*, p. 594.

état physique. En botanique on exprime ces différences en disant que le noyau est riche en chromatine, ce qui entraîne une différence physiologique dans la vie de la cellule

L'inconnu qui réside dans les propriétés héréditaires des organismes n'est autre chose que l'état moléculaire de l'oxygène dans le protoplasma — état déterminé par son degré de tension lorsqu'il est libre, et je le suppose libre dans le nucléus, et libre aussi dans les courants nerveux.

Donc l'intensité nerveuse des individus — intensité d'où résulte toutes leurs qualités dites morales — dépend de la tension de leur oxygène, c'est-à-dire de l'état moléculaire de leur protoplasma ; état qui se transmet par hérédité en se propageant par le moyen de l'ovule et de la cellule spermatique, dans lesquels le même état moléculaire, qui est comme la marque de fabrique des parents, se reproduit fidèlement.

Il est probable qu'il peut exister une grande variété dans la composition du protoplasma primitif — variété dépendant du degré d'alcalinité ou d'acidité du milieu dans lequel les cellules se sont formées — mais comme les degrés qui les séparent peuvent être infiniment petits nous les réduirons à six groupes représentant les termes principaux de ces composés (1).

---

(1) La manière dont les oxydes se comportent en présence des acides et des bases a permis de les classer en cinq groupes caractérisés par des propriétés distinctes :

Nous supposons donc six cellules initiales possédant chacune une formule différente puisqu'elles ont été formées chacune aux dépens de deux courants d'oxygène dont les degrés de tension relative diffèrent.

Supposons que la première — la plus électro-positive — renferme une somme totale d'oxygène dont la décomposition en oxyde acide et en oxyde basique est dans le rapport de 5 à 1 ;

La seconde dans le rapport de 5 à 2 ;

La troisième dans le rapport de 5 à 3 ;

La quatrième dans le rapport de 4 à 1 ;

La cinquième dans le rapport de 3 à 1 ;

Et la sixième dans le rapport de 2 à 1, à peu près comme dans les sels neutres. Car la neutralité des matières protéiques ne peut être acquise que par la combinaison d'un acide et d'une base, ou plutôt, comme il s'agit ici des origines, d'un

---

1° Les oxydes *basiques* qui contiennent en général un équivalent d'oxygène pour un équivalent de métal ;

2° Les oxydes *indifférents* qui peuvent jouer le rôle d'oxydes ou de bases ;

3° Les oxydes *acides* qui jouent constamment le rôle d'acides ;

4° Les oxydes *salins* que l'on peut regarder comme étant le résultat de la combinaison d'un oxyde acide et d'un oxyde basique ;

5° Les oxydes *singuliers* qui ne se combinent jamais ni avec les acides ni avec les bases.

Il y a des composés transitoires qui établissent le passage de l'un à l'autre. Ce qui prouve bien que l'état moléculaire a des degrés infiniment petits.

Il est à remarquer que les différents oxydes formés par un métal avec l'oxygène ont une tendance d'autant plus grande à acquérir les propriétés acides qu'ils renferment plus d'oxygène. Exemple le protoxyde, le sesquioxyde et le trioxyde de fer.

courant d'oxygène générateur des acides, à l'état naissant (c'est-à-dire radiant) et d'un courant d'oxygène générateur des bases. Je suppose donc que pour former une matière neutre comme l'albuminate qui forme le premier protoplasma (ou le métaplasma, comme l'appelle Hanstein) il faut que la neutralité soit acquise par les proportions relatives des deux oxygènes qui concourent à sa formation.

Les cellules primitives, en se développant chacune à leur manière, produisent des êtres qui, selon leur formule, occuperont dans la série organique une place différente. Nous avons vu que l'oxygène positif, celui qui possède la plus grande activité chimique, engendre dans l'organisme les cellules nerveuses qui président aux facultés sensitives, tandis que celui qui est moins condensé engendre des facultés motrices.

La cellule initiale la plus oxygénée sera donc le le point de départ d'êtres sensitifs, doués d'une grande activité vitale qui présidera à la multiplication et à la différenciation des tissus, et susceptibles, en même temps, de grandes transformations chimiques, mais privés de mouvement. La cellule la moins oxygénée donnera naissance à des êtres doués de mouvement dès leur origine. Entre ces deux extrêmes, placez tous les degrés de sensibilité et de motricité.

Je suppose donc les êtres vivants qui se forment à la surface de la terre (il n'est pas question des animaux aquatiques qui suivent un autre mode de développement) divisés en six embranchements à leur point de départ, embranchements ainsi répartis:

Premier embranchement (issu de la cellule positive la plus oxygénée) : les dicotylédones et les mammifères qui en dérivent ;

Deuxième embranchement : les gymnospermes, groupe intermédiaire qui relie le premier et le troisième embranchement. Famille de laquelle dérivent les animaux didelphes ;

Troisième embranchement : les monocotylédones et les animaux de diverses espèces qui en dérivent : les oiseaux, les reptiles, etc.

Quatrième embranchement (issu de la cellule positive la moins oxygénée) ; les acotylédones et les animaux inférieurs auxquels ils donnent naissance ;

Cinquième embranchement (issu d'une cellule indifférente) produisant des animaux intermédiaires entre les deux règnes, des végétaux mobiles, des animaux chlorophyllés et de forme végétale, ce qui revient au même : en général, les zoophytes, les bryozoaires, les échinodermes, etc.;

Sixième embranchement (issu d'une cellule négative) donnant naissance à des êtres doués de mouvement dès leur origine ; les infusoires, les bactéries, etc.

L'individu qui s'embarque dans la vie muni d'une de ces compositions chimiques, et qui va se trouver mis en présence des forces électro-magnétiques qui vont lutter contre lui, se comportera, vis-à-vis de ces forces, d'une manière qui variera suivant les propriétés qu'il possédera lui-même, c'est-à-dire suivant les armes avec lesquelles il luttera. Là où il y aura attraction pour l'un il y aura répulsion pour l'autre ; là où il y aura affinité pour les uns il y aura indifférence pour les autres.

La matière qui agit est une force, mais le corps sur lequel elle agit est aussi une matière qui peut devenir une force.

Il s'établit donc entre ces deux matières, ou entre ces deux forces, une lutte qui donne pour résultat des phénomènes qui ne peuvent être reproduits que dans les mêmes conditions, c'est-à-dire chaque fois que les deux mêmes forces, engendrées par les deux mêmes matières, se retrouveront mises en présence l'une de l'autre.

Tout corps vivant émet des radiations en remettant en liberté les éléments actifs qu'il a absorbés ; ces radiations, arrêtées et coercitées par les éléments qui forment le milieu gazeux qui entoure le corps, s'arrêtent autour de lui et lui constituent une petite atmosphère. Il est même des composés inorganiques qui en font autant.

Donc une même force externe peut produire des effets tout différents, suivant le corps sur lequel elle agit, suivant la lutte qui s'établit entre elle et le corps. On ne doit donc pas considérer les forces physiques comme immuables dans leurs effets, puisqu'il existe, en réalité, une variété infinie dans leurs manifestations.

L'étude de ces manifestations dans les corps organisés est l'objet de la physiologie.

Le protoplasma qui sert de point de départ à l'embranchement végétal supérieur, les dicotylédones, en vertu de la grande tension de l'oxygène qu'il contient (et qu'il met en liberté dans les trachées-déroulables), suit la marche des rayons solaires lorsqu'il est encore à l'état amorphe qui précède l'état cellulaire ; il s'étend comme une glaire dans différentes directions, suivant les heures du jour, ce qui donne au végétal sa forme, en le portant tantôt à droite tantôt à gauche. Cette attraction est moins forte dans les autres familles végétales, et enfin, chez les individus issus de cellules négatives, les mouvements vibratiles semblent incohérents ; l'attraction solaire ne s'exerce plus.

On peut mesurer le degré d'acidité ou l'alcalinité du protoplasma, — ou plutôt les proportions relatives des deux oxygènes, — par la vitesse des courants protoplasmiques dans la cellule qui a commencé une famille, ou dans les cellules embryonnaires qui se reforment. Plus les courants sont rapides, plus bas est, dans la série, l'individu qui résulte du développement de cette cellule. A température égale la vitesse du courant varie suivant les plantes. Elle a été mesurée par H. Mohl. Elle est en moyenne et par seconde de 1/1857 de ligne chez la courge, de 1/750 de ligne chez l'ortie, de 1/500 de ligne dans les poils floraux du *Tradescantia Virginia*, de 1/183 de ligne dans les cellules des feuilles de la *Vallisnerie spirale*.

D'après M. Van Tieghem, la vitesse du courant est vers 15° de 1 mm 630 à la minute dans le *Nitella flexilis*, de 0 mm 543 dans les poils radicaux de l'*Hydrocharis morsus-ranæ*, de 0 mm 094 dans les cellules des feuilles du *ceratophyllum demersum*.

Nous avons supposé que quatre cellules sur six s'engagent, dès leur origine, dans la série végétale, — série dans laquelle les êtres que ces cellules formeront, font un temps plus ou moins long de vie végétative.

De quelle circonstance va dépendre la durée de cette existence transitoire ?

D'un fait bien simple : de la modification postérieure de la composition chimique d'une partie du protoplasma dans chaque famille et même dans chaque individu.

En vertu de la grande loi de l'affinité, chacun cherchera, dans les éléments dont il sera entouré, des matériaux semblables aux siens pour renouveler ses tissus et perpétuer son espèce.

Or, puisque les oxydes basiques mettent en liberté, lorsqu'ils sont décomposés, l'oxygène négatif — ou si l'on veut développent l'électricité négative — qui engendre le mouvement, les individus qui n'auront pour ces composés aucune affinité, mais au contraire une véritable antipathie, éviteront de se les assimiler ; il en résultera que le mouvement se développera très tard chez eux ; ils resteront longtemps dans la vie végétale. Ce sont les dicotylédones. Les monocotylédones, issues de cellules initiales moins oxygénées, arriveront plus vite à la vie animale ; les acotylédones plus vite encore.

Ces grands embranchements sont eux-mêmes subdivisés en familles, et les familles en individus qui, tous, ont des formules différentes. Chacun fera un temps plus ou moins long de vie végétale, jusqu'au moment où le système moteur, mû par les courants d'oxygène négatif qui se sont dégagés des éléments alcalins, apparaîtra — et viendra libérer l'individu du sol.

Tant que la plante ne possède que l'élément sensitif, qui se forme dans le méristème primitif, elle ne possède pas, à proprement parler, de système nerveux, puisque l'innervation résulte de l'union du système sensitif avec le système moteur. C'est un élément cuivre attendant pour fonctionner qu'on lui annexe un élément zinc. Mais si le système nerveux de la plante ne fonctionne pas, l'élément impair qu'elle possède se développe et se fortifie de jour en jour, si bien que, plus l'arbre sera resté longtemps dans cet état transitoire, et plus son système nerveux sensitif aura de puissance le jour de sa réunion à l'élément contraire — le jour où elle commencera sa vie animale.

Les végétaux les plus électro-positifs (les plus positivement héliotropiques) resteront donc (ou plutôt sont restés) pendant de longs siècles attachés au sol, privés de mouvement, privés de conscience, mûs seulement par l'action magnétique qui leur faisait suivre des directions diverses et présidait à leurs mouvements de croissance.

Mais ce triste état végétal est compensé par le résultat obtenu par cette longue élaboration. Le jour où les végétaux sensitifs — ou positivement héliotropiques — s'éveillent à la vie de relation, ils sont, pour ainsi dire, dès leur naissance animale, des êtres supérieurs, laissant bien loin derrière eux, dans la série zoologique, les espèces issues des autres embranchements, les individus d'origine neutre — animaux à structure végétale — ou les individus moteurs, privés, comme les plantes, de conscience, quoique doués de mouvement, puisqu'ils sont également les représentants d'un élément isolé, — l'élément zinc attendant l'élément cuivre qui ne lui arrivera pas, parce qu'il n'y a aucun développement possible dans la série alcaline, si bien que ces tristes individus, qui n'ont pas conscience de leur existence, occupent, pendant tout le cours de leur vie et dans toute leur descendance, ce degré inférieur de l'échelle organique.

Donc il y a des animaux inférieurs à des plantes.

Cependant puisque les végétaux partis d'un point de départ exclusivement sensitif arrivent peu à peu à la motricité lorsque des éléments alcalins leur sont fournis par le milieu extérieur, ne pourrait-on pas supposer, en se basant sur l'analogie, que les animaux partis d'un point de départ exclusivement moteur peuvent arriver à la sensibilité lorsque des éléments acides leur sont fournis par la nutrition?

Si nous pouvions répondre affirmativement l'hypothèse Darwinienne serait possible; il pourrait y avoir un développement progressif dans la série animale. Mais nous ne pouvons pas répondre affirmativement, nous sommes, au contraire, obligés de déclarer que tout développement est impossible dans ces conditions, pour deux raisons; 1° parce que sous l'action *motrice-alcaline* qui agit dans les animaux inférieurs, la différenciation des tissus est impossible; il y a là une barrière chimique que l'animal ne peut franchir, provenant de ce que l'élément destructeur, que l'on appelle ferment musculaire, use le protoplasma. Ce ferment est un agent de destruction qui apparaît en même temps que le mouvement; tant qu'il n'existe pas dans l'individu il y a croissance, multiplication des tissus, synthèse.

L'agent de vie, le *conservateur* est dans le protoplasma engendré par le courant positif; l'agent de mort, le *destructeur* est dans le ferment musculaire qui apparaît toujours à la terminaison des nerfs moteurs.

L'action musculaire ne sert pas à emmagasiner l'énergie, mais au contraire à dégager celle que l'action sensitive a emmagasinée.

En même temps les phénomènes de synthèse sont accompagnés d'une absorption de chaleur, les phénomènes de destruction sont accompagnés d'un dégagement de chaleur.

Ce principe, renouvelé des anciens, (ce que nous expliquerons en donnant des preuves historiques de cette théorie) a servi à Cl. Bernard à faire une classification pour expliquer les manifestations vitales, basée sur les effets conservateurs du protoplasma et destructeurs du ferment moteur.

Le mouvement n'est donc pas une manifestation vitale mais une manifestation de destruction.

La seconde raison qui empêche le développement dans la série animale c'est l'impossibilité absolue de la formation des organes pendant le mouvement, puisque les organes sont formés par des forces physiques qui agissent dans des directions déterminées, forces qui ne peuvent marquer leur empreinte et communiquer leurs caractères aux corps organisés qu'à la condition que ceux-ci soient stables et occupent une position constante.

Une parenthèse à propos du mouvement spontané des infusoires et de l'importance qu'on a voulu donner à ces organismes, en les supposant le point de départ de toutes les espèces animales.

La spontanéité du mouvement ne prouve pas l'individualité animale ; les spermatozoïdes doués aussi de mouvement ne sont pas considérés comme des animaux, de même les grains de pollen arrivés à l'état de tubes polliniques.

Ce qui fait l'individualité, et, en même temps, la vie proprement dite, c'est la quantité centésimale de l'oxygène qui engendre l'élément sensitif dans chaque individu et l'équilibre relatif qui en résulte dans chacun d'eux. Là où il n'y a pas d'élément sensitif il ne peut y avoir ni conscience ni volonté. Or, la vie c'est la conscience de soi-même, la volonté est sa manifestation.

Des animaux privés de conscience et de volonté ne peuvent pas être considérés comme doués d'individualité. Ce sont des éléments moteurs jouissant des facultés de nutrition et de reproduction dont sont doués tous les éléments vivants qui concourent à la formation d'un organisme. Ce ne sont pas des animaux, ce ne sont que des éléments cellulaires.

Le principe du mouvement dans la matière organique n'est pas la vie, puisque les végétaux qui en sont privés jouissent d'une vie intense, puisque, parmi les animaux les moins moteurs sont les plus avancés dans la série. Ce principe n'est qu'une propriété de la matière, qui n'a aucun rapport avec le mouvement volontaire dicté par la conscience. On a appelé *motilité ciliaire* cette propriété de mouvement des éléments, propriété qui n'est, je le répète, qu'une manière d'être de la matière, mais non la vie en elle-même.

Je considère donc tous les microbes, tous les infusoires, tous les protées, comme une classe d'éléments anatomiques dont il faut faire un système histologique spécial, mais qu'il ne faut pas élever au rang d'espèces animales, encore moins en faire le point de départ des espèces supérieures dont l'origine, est, tout au contraire, une cellule végétale, douée des propriétés propres à engendrer la faculté contraire — la sensibilité — et absolument privée de mouvements.

M. Hæckel qui — comme beaucoup d'autres, du reste — regarde la Nature à l'envers, veut rattacher le règne animal au règne végétal par les échelons inférieurs des deux séries, tandis qu'au contraire c'est par le dernier terme de l'organisation végétale que les deux règnes se touchent. Partant de là, il cherche des rapports chimiques et même histologiques, entre la substance végétale et celle des organismes inférieurs de la série zoologique.

Naturellement il n'arrive pas au résultat qu'il cherche et, par cette voie, aucune évolution ne peut s'accomplir.

Mais par le terme supérieur de la vie végétale, au contraire, les deux règnes se fondent l'un dans l'autre par d'insensibles transitions.

D'autres ont aperçu avant moi ce point de départ de la vie animale, mais pour n'avoir pas suivi le développement végétal, et, surtout, pour n'avoir pas considéré — ou connu — le renversement du fœtus pendant le développement embryonnaire, leur conviction est restée à l'état de pressentiment, état qui précède, du reste, dans l'esprit humain, toutes les grandes découvertes.

M. Germain de Saint-Pierre est, parmi les botanistes, un de ceux qui ont eu l'intuition de cette vérité; un de ceux qui ont compris *ce que c'est qu'une plante*. Les autres, faut-il l'avouer, ne savent pas plus ce que c'est qu'un arbre (puisqu'ils ne savent ni *où il va*, ni quel est le développement ultérieur de son organisme) que les zoologistes ne savent ce que c'est qu'un animal (puisqu'ils ne savent ni d'où il vient ni comment s'accomplit son développement primitif).

M. Germain de Saint-Pierre dit, dans son *Dictionnaire de botanique :*

« Le règne animal se continue par d'insensibles » transitions avec le règne végétal ; et, dans la » région intermédiaire qui correspond à ces tran- » sitions, dans telle espèce encore végétale com- » mencent à poindre les caractères de l'animalité. » Il y a plus d'un siècle déjà, Pallas regardait, à » ce point de vue, le règne végétal non comme un » règne, mais simplement comme une classe. » Les découvertes de la science moderne ont » fourni la démonstration de la conception de » Pallas. »

C'est dans la vie végétale que les organes se forment, que les tissus s'élaborent, que l'intensité vitale augmente, que le système nerveux apparaît. Et tous ces progrès acquis se transmettent dans la descendance et se perpétuent dans l'espèce.

Les individus qui s'affranchissent du sol dès les premiers degrés de la série végétale restent pendant tout le cours de leur existence, *et dans toute leur descendance* des animaux inférieurs, puisque, dès le principe, ils ne se sont pas soumis au travail de la formation des organes, ou l'ont entravé, en dérangeant le rapport qui existe entre l'organe et l'agent physique qui le fabrique. Ceux qui continuent longtemps leur vie végétative y acquièrent des organes qu'ils apportent à la vie animale à un degré de perfectionnement déjà très-grand, puisque le temps plus ou moins long qu'ils ont employé à se former leur a donné des qualités que n'ont pas pu acquérir ceux qui, comme un enfant impatient, n'ont pas attendu la fin de l'opération.

Ainsi, pendant que nous voyons les plantes inférieures devenir, en se mettant en mouvement, les animaux inférieurs de la série zoologique, nous voyons, dans les vieux arbres de nos forêts, tous les organes des animaux en voie de formation, et, quelquefois même, arrivés à un degré de perfection étonnant.

J'insiste sur ce fait parce que je tiens à en faire comprendre toute l'importance : tant que l'arbre occupe sa position naturelle dans le sol, ses organes se perfectionnent de jour en jour, puisqu'ils continuent à être incessamment soumis à l'action des forces qui les créent.

Mais s'il arrive que l'arbre cesse d'occuper sa position primitive, soit qu'une main étrangère le transporte ailleurs, soit que lui-même arrive à posséder une assez grande motilité pour se mouvoir, se soulever et, aidé de ses bras, se traîner vers un autre endroit, le travail de la formation des organes s'arrête immédiatement.

Pour mieux faire comprendre le rapport des organes avec les forces physiques, je vais me servir d'une comparaison qui, quoique très-éloignée du sujet qui m'occupe, aidera à le rendre saisissant.

Figurez-vous dans une salle de dessin des élèves réunis autour d'un modèle placé au centre de la salle ; chacun voit le plâtre d'une façon différente, les uns de face, les autres de profil, d'autres enfin de trois-quarts, et chacun exécute l'image que lui apporte le rayon visuel qui relie le modèle à son œil. Tant que les positions respectives restent les mêmes le travail s'exécute, le dessin s'achève. Mais figurez-vous que quelqu'un vienne et tourne la statue, le rayon visuel n'apportant plus la même image, l'élève ne peut continuer son travail, le voilà interrompu, arrêté au point où il en était, et il n'est plus possible de l'achever.

Si, au lieu d'un élève dessinant vous mettez un appareil photographique, le rapport sera plus saisissant encore, vous obtiendrez une image embrouillée, des traits se confondant les uns dans les autres, un ensemble plein de confusion, au lieu de l'image nette que vous obteniez d'abord.

La statue c'est le soleil. Si la place respective qu'il occupe par rapport à l'arbre cesse d'être la même, le rayon ne peut plus agir comme il le faisait d'abord. Que ce soit le soleil ou l'arbre qui se déplace — que ce soit l'élève ou le modèle, dans la comparaison que je viens de faire — le rapport n'en est pas moins détruit.

Il résulte de ceci que les animaux qui ont acquis plus promptement que les autres les facultés motrices doivent avoir des organes plus imparfaits, des organes inachevés, puisque dès qu'ils ont changé de place le travail de leur formation s'est arrêté.

Je me sépare ici nettement de l'école transformiste qui veut que la formation des organes s'effectue dans la série zoologique par le moyen mystérieux de la sélection naturelle. Je ne connais d'autres agents de la formation des organes que les forces physiques, chimiques et mécaniques qui agissent *extérieurement* sur le protoplasma. Supprimez les radiations solaires, vous arrêtez instantanément tout le travail d'organisation commencé — surtout le développement de l'œil dont nous verrons plus loin se dérouler la formation progressive, si intéressante à étudier — mais surtout dérangez la position de l'individu entre les courants électro-magnétiques qui lui arrivent dans des directions déterminées, et qui, tous les jours, reviennent inflexiblement frapper le même point, à la même heure, et vous arrêtez instantanément le travail de l'innervation, le plus important de tous, puisque c'est celui-là qui engendre les facultés les plus élevées de l'intelligence. Du moment où le travail de l'innervation s'arrête l'individu continue à jouir des facultés acquises, mais ces facultés ne progressent plus. Il y a donc avantage pour l'être qui se forme à rester le plus longtemps possible attaché au sol où il a pris naissance, et le développement de la motricité qui vient éveiller en lui un besoin de mouvement, qui le sollicite au déplacement, doit être considéré comme une cause perturbatrice qui entrave le progrès de l'individu.

Il résulte de ceci, que dans l'échelle zoologique, les animaux qui possèdent la plus grande motricité sont en même temps ceux dont les facultés intellectuelles acquièrent le moindre développement, et que l'infériorité des animaux peut se mesurer par leur degré de force motrice — ou musculaire.

En voici des exemples en même temps que des preuves : Le singe est plus fort que l'homme. Vatel dit, en parlant d'une espèce de singe qu'il appelle *pongo*, et qui n'est autre que le gorille : « Un seul a la force de dix hommes, et cela si évidemment que dix hommes ne viendraient pas à bout d'un seul de ces individus ; souvent ils s'emparent de jeunes nègres qu'ils emmènent avec eux, quelquefois ils emmènent les voyageurs eux-mêmes. »

La force motrice du cheval est huit fois plus grande que celle de l'homme ; le cheval peut traîner huit fois le poids de son corps, l'homme porte difficilement le poids du sien. La force du chien, quoiqu'elle ne soit pas utilisée, est plus grande encore, et sa course considérablement plus rapide, il fait quatre fois plus de chemin que l'homme dans le même temps, sans se fatiguer autant que lui.

Cependant la force motrice des mammifères est, en général, moindre que celle des oiseaux et surtout des insectes.

Pendant que l'homme a de la peine à traîner un poids égal à celui de son corps, le hanneton traîne quatorze fois le poids du sien ; le *carabus auratus*, dix-sept fois ; l'abeille, vingt fois ; le *donacia nymphea*, quarante-deux fois. La force de cet insecte est donc supérieure, ou au moins égale, relativement, à celle de quarante-deux hommes réunis. Enfin la puce possède une si grande force musculaire que, si nous l'égalions, nous pourrions, d'un seul bond sauter d'une ville à l'autre.

En descendant toujours on arrive à des individus doués de mouvements vibratoires extrêmement rapides, mais absolument privés de sensibilité.

La conclusion de ce qui vient d'être dit, c'est que le point de départ de la série animale est le résultat du développement plus ou moins prompt de la motilité : la précocité du mouvement.

Tous les animaux, sauf ceux qui occupent les degrés inférieurs de la série organique, et qui ne possèdent aucune sensibilité, ont fait un stage plus ou moins long dans le sol, à l'état de plante, et ils ont acquis, pendant ce stage, des organes qu'ils ont apportés à la vie animale dans un état plus ou moins parfait, suivant la durée du temps pendant lequel ils s'étaient lentement formés, par l'action incessante des forces physiques qui agissaient sur eux.

Une fois l'individu arrivé au règne animal ses organes cessent de se perfectionner *physiquement*. Ils peuvent se modifier par l'usage, il est vrai, s'adapter à certaines fonctions, mais ce perfectionnement *artificiel* ne peut pas augmenter leur intensité physique. C'est une sorte de polissage, d'adaptation sociale, de vernis superficiel. A l'état de nature, et même, dans la majorité des cas, à l'état social, non-seulement les organes des animaux ne se perfectionnent pas avec le temps, mais au contraire, ils s'affaiblissent. Ne voyons-nous pas journellement que la vue s'use avec l'âge, que l'ouïe en fait autant, et, en général, tous les organes.

Ce fait n'est-il pas en contradiction flagrante avec la théorie du perfectionnement par la *sélection naturelle*.

Si les organes se perfectionnaient nous les verrions déjà progresser dans le cours de la vie humaine, car, quelque lente que soit l'action, on doit pouvoir la constater. Or, c'est tout le contraire que nous voyons, et, si évidemment, que nous pouvons parfaitement constater *ce contraire*, qui est loin d'être aussi lent que l'action progressive imaginaire que l'on voudrait nous faire accepter (1).

---

(1) « Voyez l'homme qui s'éteint à la fin d'une longue vieillesse ; il meurt en détail ; ses fonctions extérieures finissent les unes après les autres ; tous ses sens se ferment successivement ; les causes ordinaires des sensations passent sur eux sans les affecter.

La vue s'obscurcit, se trouble, et cesse enfin de transmettre l'image des objets, c'est la cécité sénile. Les sons frappent d'abord confusément l'oreille ; bientôt elle y devient entièrement insensible. L'enveloppe cutanée racornie, endurcie, privée en partie des vaisseaux qui se sont oblitérés, n'est plus le siège que d'un tact obscur et peu distinct ; d'ailleurs l'habitude de sentir y a émoussé le sentiment. Tous les organes dépendant de la peau s'affaiblissent et meurent ; les cheveux, la barbe blanchissent. Privés des sucs qui les nourrissaient, un grand nombre de poils tombent. Les odeurs ne font sur le nez qu'une légère impression.

Ainsi isolé au milieu de la Nature, privé déjà en partie des fonctions des organes sensitifs, le vieillard voit bientôt s'éteindre aussi celles du cerveau. Chez lui presque plus de perception, par là même que presque rien du côté des sens n'en détermine l'exercice ; l'imagination s'émousse et bientôt devient nulle ».

Bichat, *Les deux Vies*, p. 234.

RÉSUMÉ DE CETTE THÉORIE

Les deux séries végétale et animale, peuvent être représentées par une sorte d'échelle double dont les deux branches sont reliées entre elles par des échelons transversaux.

Le point de départ de cette échelle est multiple. Il a lieu dans la branche gauche lorsque son origine est une cellule formée dans un milieu alcalin. Dans ce cas la vie se manifeste sous la forme d'un animal, c'est un être doué de mouvement mais privé de sensibilité. Cette cellule, ou plutôt la famille qu'elle engendre, restera toujours dans la branche gauche de l'échelle, jamais elle n'avance vers la série végétale (sensitive). Elle répandra ses rameaux dans les degrés inférieurs de la série zoologique, comme nous le voyons sur la planche destinée à compléter cette théorie.

Les bactéries, qui occupent ce dernier terme de l'échelle zoologique, ne peuvent pas vivre dans le milieu oxygéné qui engendre la végétation. Elles meurent en présence de l'oxygène positif. Il leur faut, pour vivre, un milieu alcalin qui est mortel pour les végétaux.

Lorsque le point de départ de la vie est une cellule neutre, nous voyons les ramifications du tronc que forme cette famille s'étendre à droite et à gauche de la ligne médiane où les deux systèmes se réunissent et se confondent.

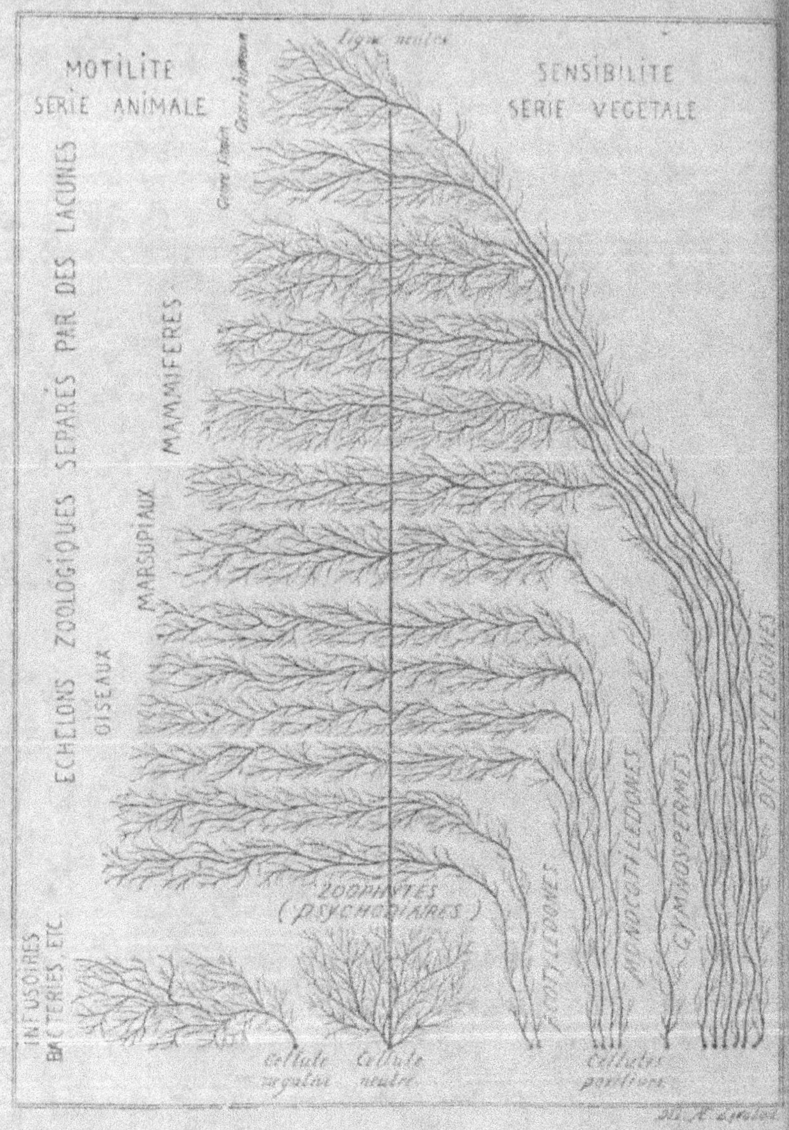
MOTILITÉ
SÉRIE ANIMALE
SENSIBILITÉ
SÉRIE VÉGÉTALE
ECHELONS ZOOLOGIQUES SÉPARÉS PAR DES LACUNES
OISEAUX
MARSUPIAUX
MAMMIFÈRES
INFUSOIRES
BACTÉRIES, ETC.
ZOOPHYTES
(PSYCHODIAIRES)
ACOTYLÉDONES
MONOCOTYLÉDONES
GYMNOSPERMES
DICOTYLÉDONES

Fig. 23

Certaines ramifications s'étalent dans la série zoologique, d'autres dans la série botanique. Quelques-uns de ces êtres peuvent, déjà, avoir un commencement de conscience de leur existence, comme ils ont déjà quelques organes rudimentaires.

Les représentants de ce tronc sont les êtres indéfinis qui ont tant embarrassé les naturalistes qui ont fait des tables de classification (1).

Lorsque le point de départ est une cellule positive formée dans un milieu acide, la famille occupe

---

(1) « Il s'en faut de beaucoup que la sensibilité et la locomotion musculaire soient également développées dans toutes les familles du règne animal. Certaines espèces appartenant aux degrés inférieurs de l'échelle zoologique et chez lesquelles la structure anatomique est beaucoup plus simple que chez les autres, paraissent ne pas avoir de système nerveux, ou, du moins, on n'a pas encore pu démontrer la présence de ce système parmi leur tissu. Par ces organismes, plus simples que les autres, le règne animal se confond, pour ainsi dire, avec le règne végétal, et il existe un certain point par lequel ces deux grandes divisions des êtres organisés se réunissent l'une à l'autre. Autant il est aisé de distinguer les animaux des végétaux lorsqu'on a affaire à des espèces d'une organisation quelque peu compliquée, autant, au contraire, cette distinction devient difficile pour les espèces très simples et dont la structure reste purement cellulaire. C'est là ce qui a empêché les naturalistes de décider si tels de ces êtres doivent être classés parmi les animaux ou, au contraire, parmi les végétaux, et l'on s'est plus d'une fois mépris sur la nature soit animale, soit végétale de certaines familles.

Pour sortir de cette difficulté, Bory Saint-Vincent avait proposé la distinction d'un *troisième* règne de corps organisés intermédiaires aux végétaux et aux animaux, pour lesquels il a même imaginé un nom particulier, celui du règne psychodiaire ; mais le mieux est de reconnaître que les deux règnes généralement acceptés se touchent par leurs espèces les plus inférieures, et qu'il n'y a pas entre eux de délimitation bien tranchée. » Paul GERVAIS. *Éléments de zoologie.*

toujours un des degrés de la branche droite de l'échelle organique. Les individus de cette famille, privés de mouvement, restent dans la série végétale pendant un temps variable. Ils se fixent au sol, non parce que les éléments du sol leur sont nécessaires, mais parce que la pesanteur les y entraîne, et qu'ils n'ont aucune raison pour ne pas rester là où ils tombent, puisqu'ils sont privés de mouvement pour agir, de conscience pour vouloir.

C'est à cette fixité que l'on doit la formation des organes de relation, puisque la condition essentielle de cette formation est la stabilité entre les forces physiques qui créent ces organes.

C'est le manque de stabilité qui fait que les animaux qui se sont formés dans la série alcaline ne peuvent pas acquérir d'organes de relation, puisqu'ils ne laissent pas aux vibrations lumineuses, sonores, etc., le temps d'agir sur eux. L'individu fixé au sol est comparable à un liquide au repos qui cristallise et acquiert les propriétés de son système de cristallisation ; l'individu mobile est comparable à un liquide agité qui ne peut cristalliser.

Mais le milieu dans lequel vivent les individus végétaux leur apporte sans cesse, et de différentes manières, des substances alcalines qui, tôt ou tard, éveillent en eux la motricité.

Lorsque cette faculté de mouvement est mûre, pour ainsi dire, en eux, ils passent, par un des échelons de l'échelle, dans la série animale. Les uns y arrivent promptement, d'autres très tardivement. Ils y apportent les organes acquis, lesquels, dès ce moment, cessent de progresser.

Donc, si la locomotion est un avantage, puisqu'elle procure à l'animal des éléments de nutrition et des *rapports sociaux* qui lui sont refusés à l'état de fixité, cela ne constitue cependant pas une supériorité dans la série organique. L'être conserve son rang, quelle que soit la dénomination qu'on lui donne d'animal ou de végétal.

Il est facile de comprendre que celui qui reste le plus longtemps dans la série végétale y acquiert les organes les plus parfaits.

L'histoire de la formation de ces organes, que nous allons faire dans la suite de ce livre, le prouve. Donc, nous devons trouver dans la série animale une suite d'individus représentant tous les degrés où cette formation des organes s'est arrêtée; mais nous ne devons trouvér, dans aucun d'eux, d'organes transformés dans l'état animal même, puisque la formation ne peut s'opérer que dans la stabilité.

C'est là que réside l'erreur fondamentale des transformistes. Ils voient dans la Nature une série d'animaux dont les organes représentent une chaine progressive, et croient que cette progression s'est accomplie dans la série zoologique, — ce qui est anatomiquement et chimiquement impossible. Ils n'aperçoivent pas l'autre branche de l'échelle, celle où s'accomplit la lente élaboration de l'individu, et, surtout, ils n'aperçoivent pas les échelons qui relient les deux séries, et, ne les apercevant pas, ils les nient, moyen employé de tous temps par les aveugles.

Lorsque vous leur parlez de la formation des organes, ils vous répondent immédiatement en appuyant leurs arguments sur l'embryologie, qui, cependant, dément formellement leur théorie (1), ou sur la chaîne apparente qui relie les animaux, surtout les animaux inférieurs. Or, dans l'échelle zoologique, on ne peut trouver que les différents degrés auxquels la formation des organes s'est arrêtée. Ces degrés sont séparés entre eux par les lacunes, les interruptions nombreuses qui existent entre les différents animaux arrivés dans la série négative par les divers échelons de la série végétale, échelons qui sont la continuation des rameaux venant de la branche droite, mais qui ne sont pas reliés entre eux dans la série animale.

Chaque espèce est donc, dans la branchez oologique, séparée par une lacune de celles qui s'en rapprochent le plus, tandis qu'il y a continuité dans la branche botanique. De là résulte la multiplicité des espèces végétales, bien plus grande que celle des espèces animales, parce que toutes n'arrivent pas à franchir la ligne neutre, à partir de laquelle le mouvement s'éveille.

Le transformisme animal, absolument contraire à la science, ne sera donc jamais admis par les

(1) Voyez tout le chapitre XI.

chercheurs consciencieux qui veulent des *séries complètes* et des causes réelles.

Une autre erreur dans laquelle les Darwinistes sont tombés, est celle qui consiste à faire de *tous les animaux* une seule série, alors qu'il existe, en réalité, plusieurs séries bien définies, et dont le nombre est, probablement, en relation avec celui des systèmes de cristallisation, fait aperçu par Linnée.

Du reste les transformistes avouent que la théorie édifiée par Darwin n'est qu'un essai provisoire, puisque M. Hæckel dit lui-même : « Mes hypothèses généalogiques méritent d'être prises en considération *tant qu'elles n'auront pas été remplacées par quelque chose de mieux* ».

La théorie progressive que je viens d'exposer est confirmée par un grand nombre d'auteurs, qui, quoique n'ayant pas aperçu la continuité de la série végétale, ont eu, cependant, le pressentiment de cette évolution croissante.

M. Coste, un de ces auteurs, dit à ce propos : « Si chacun des actes transitoires que la Nature accomplit ainsi dans son œuvre progressive trouve son équivalent fixe inscrit sur un des anneaux de la chaine qu'elle établit, on est déjà conduit, par cela même, à cette double conséquence, que les corps organisés doivent être disposés en série croissante, et que l'organisme le plus complexe doit résumer en lui tous les termes dont cette série se compose. Mais, obtenue par ces seules preuves, la solution du problème conserverait encore un vague peu compatible avec les procédés si rigoureusement précis que l'embryogénie met en usage. Il ne suffit pas, en effet, pour faire prévaloir l'idée fondamentale du progrès organique, d'avoir établi sur des preuves certaines que le développement particulier de chaque appareil en offre le témoignage isolé ; il faut démontrer encore que l'ensemble de l'organisme supérieur, soumis tout entier à l'empire de cette loi, en porte l'empreinte passagère successivement caractérisée et *déroule à nos yeux le tableau fugitif de l'admirable chaîne dont la création présente l'image conservée.*

L'homme apparaît comme le but et le terme dont cette création est le résultat, car il n'acquiert le privilège de sa suprématie hiérarchique qu'après avoir passé par tous les degrés de la série, qu'après avoir répété dans le développement de son propre organisme tous les actes de la création vivante » (1).

Le professeur Brown dit, dans un travail sur le même sujet : « Toutes les espèces d'êtres organisés n'ayant qu'une durée temporaire et disparaissant tôt ou tard, cèdent leur place à d'autres plus récentes, qui remplacent non-seulement les précédentes, *mais les surpassent* ordinairement encore par la diversité de leur forme et accidentellement par la perfection même de leur organisation ».

---

(1) Coste. *Histoire du développement.*

ANIMAUX SENSITIFS

ET ANIMAUX MOTEURS

Claude Bernard disait : « Il semble qu'il y ait dans le courant sensitif une sorte de tension de sensibilité ; les cellules communiquant avec le nerf sensitif transmettent l'impression sensitive plus ou moins loin suivant son intensité ; la réaction reflexe peut se généraliser ou se restreindre suivant l'intensité qui la met en jeu. »

C'est cette différence de tension de sensibilité qui fait la différence des animaux entre eux — la différence des hommes entre eux. Non-seulement les différences intellectuelles, mais les différences physiques résultent de l'activité plus ou grande d'un système ou de l'autre, de la tension relative du fluide qui engendre la sensibilité ou la motricité.

Les différences physiques résultent de ces degrés de tension puisque la structure du corps est elle-même déterminéee par l'extension du système sensitif.

Les différences chimiques en sont la conséquence.

On peut donc diviser toutes les espèces zoologiques en animaux sensitifs et animaux moteurs. Les animaux sensitifs sont ceux chez lesquels il existe, par rapport aux autres, une plus forte tension de sensibilité, une transmission plus prompte des impressions. Les animaux moteurs sont ceux chez lesquels cet ordre de chose est renversé, ceux chez lesquels l'intensité motrice l'emporte relativement sur celle des autres animaux. Chez ceux-là les mouvements sont plus prompts, plus violents, moins coordonnés, la réflexion est lente, obscure, l'impression se transmet moins vite au cerveau et la réaction reflexe est plus restreinte.

Nous avons vu, dans les pages précédentes, que les animaux qui sont restés pendant le temps le plus long attachés au sol sont ceux qui possèdent le plus haut degré de sensibilité, ceux chez lesquels l'action s'est développée le plus tard.

La conséquence de cette élaboration plus lente est, en même temps qu'une plus grande perfection des organes, une plus grande différenciation des tissus, puisque tant que le système sensitif règne seul, les synthèses organiques continuent à s'accomplir.

La *construction* plus grande que la *destruction* ou, si l'on veut l'assimilation plus grande que la désassimilation, est la cause de la croissance. La croissance augmente tant que l'assimilation augmente. Elle diminue aussitôt que la désassimilation commence ; elle s'arrête lorsque l'équilibre entre ces deux fonctions est rompu par le triomphe de la force négative qui opère la destruction. A partir de ce moment il y a évolution descendante.

« La vie organique du fœtus, dit Bichat, est remarquable par une extrême promptitude dans l'assimilation et par une extrême lenteur de désassimilation. » Ailleurs, il dit encore : « Il est facile, d'après les considérations précédentes, de concevoir la rapidité remarquable qui caractérise l'accroissement du fœtus, rapidité qui est en disproportion manifeste avec celle des autres âges. En effet, tandis que toute active la progression de la matière nutritive vers les parties qu'elle doit réparer, tout semble, en même temps, forcer cette matière, qui n'a presque pas d'émonctoires, à séjourner dans les parties. »

Magendie ajoute à ce paragraphe une note ainsi conçue : « Cette explication est ingénieuse, sans doute, mais elle est insuffisante, puisque les causes qu'assigne Bichat pour la rapidité d'accroissement du fœtus cessent entièrement au moment de la naissance, et que, cependant, l'accroissement persiste encore longtemps à être très-rapide. »

Il ressort de ceci que ni Bichat ni Magendie n'ont aperçu l'influence destructive du système moteur.

S'il y a croissance rapide chez le fœtus et encore chez l'enfant, c'est parce que, pendant cette période de la vie, les proportions relatives des deux agents nerveux font encore pencher la balance vers le système sensitif, l'agent constructeur. Dans le fœtus, comme dans la plante, il ne se produit encore que des phénomènes de synthèse ; les phénomènes de destruction engendrés par le ferment moteur ne commencent qu'avec le mouvement. L'activité vitale est d'autant plus intense que l'enfant est plus près de son état végétal, plus il s'en éloigne plus la vie se ralentit en lui, et enfin l'amène au terme fatal — la mort.

Dans la vie végétale — surtout dans la position stable et *renversée* — la vie ne décroîtrait pas si les forces physiques étaient constantes ; au contraire elle augmenterait sans cesse d'intensité en modifiant constamment la forme du corps.

Dans la vie végétale tout ce qui entoure le corps tend à l'accroître, dans la vie animale tout ce qui entoure le corps tend à le détruire ; il lutte, mais le principe de réaction qu'il possède en lui — sa réserve vitale — a été puisée dans la vie végétale de ses ancêtres, et s'use en passant à travers les générations.

Le méristème, qui est l'agent multiplicateur des tissus, apparaît au point où viennent aboutir les trachées déroulables, qui deviennent plus tard les nerfs sensitifs. C'est là que se forme le *point végétatif*. Il y a végétation là où les trachées apparaissent parce qu'il y a attraction entre l'oxygène de la trachée et l'oxygène qui constitue les courants électriques de l'atmosphère. La rencontre de ces courants reproduit incessamment la genèse primitive qui a donné naissance à la première cellule.

Il ne peut donc y avoir de végétation, c'est-à-dire d'accroissement, que là où viennent aboutir des vaisseaux spiralés — ou des cellules propres à le devenir — et les cellules propres à le devenir sont celles dans lesquelles les courants protoplasmiques ont continué à circuler. Les courants annoncent toujours qu'une cellule est vivante. Quand le courant s'arrête la cellule meurt. Or, les fibres nerveuses sont formées de cellules dans lesquelles le courant protoplasmique s'est perpétué.

Ce sont les seules parties restées vivantes dans l'animal ; tous les autres tissus sont des échafaudages de cellules mortes ; elles seules engendrent les phénomènes de la vie, et la multiplication des tissus.

Dans l'embryon nous voyons se reproduire ce mode d'accroissement centrifuge. Les extrémités se constituent peu à peu sous forme d'un blastème dont les différentes parties forment, d'abord, un tout continu, mais qui se différencient successivement du tronc vers la périphérie.

L'histoire du méristème de la plante est exactement celle du blastème de l'animal. J'emprunte à M. Van Tieghem une description du méristème qui met en évidence ses propriétés génératrices. « A mesure que l'on se rapproche de l'extrémité en voie de croissance d'une racine, d'une tige, d'une feuille ou même d'un thalle différencié, on voit les divers tissus perdre peu à peu les différences qui les séparaient et se confondre enfin vers le sommet dans un tissu homogène et indifférent, dépourvu de méats, dont les cellules, riches en protoplasma finement granuleux, entourées de membranes minces et sans sculpture, sont toutes en continuel cloisonnement. C'est ce dernier caractère qui a fait donner à ce tissu homogène le nom de *méristème*.

Vers le bas, le méristème, cessant de se cloisonner, engendre, par une différenciation progressive de ses cellules, les divers tissus définitifs qui constituent le membre considéré ; la fin du cloisonnement et la différenciation ultérieure s'opèrent par degrés trop insensibles et se manifestent, pour les divers tissus, à des époques, c'est-à-dire à des niveaux trop différents, pour qu'il soit possible de fixer, avec quelque précision, la limite inférieure du méristème. Vers le haut, si la croissance terminale du membre est indéfinie, comme dans la plupart des tiges et des racines, le méristème se régénère sans cesse par la formation de nouvelles cloisons ; si la croissance terminale cesse bientôt, au contraire, comme dans la plupart des feuilles, le cloisonnement s'arrête de bonne heure et le méristème disparaît sans laisser de trace, en se convertissant, tout entier, jusqu'à sa dernière cellule en tissu définitif.

Dans tout membre doué d'une croissance terminale continue, on appelle *point végétatif* toute la partie terminale encore exclusivement formée par le méristème ; souvent cette région se trouve allongée en cône, et mérite le nom de *cône végétatif*. »

Revenons aux différences qui caractérisent les animaux sensitifs et les animaux moteurs.

Une des conséquences les plus importantes de l'intensité sensitive, c'est la longueur de l'existence, toujours proportionnée au degré de sensibilité de l'animal. L'élément destructeur, qui apparaît avec le système moteur, use la vie, d'autant plus vite que l'activité musculaire est plus intense.

Nous avons vu que tous les animaux possèdent plus de motricité que l'homme, que tous sont arrivés plus tôt que lui à la vie animale. C'est ce fait qui fait la supériorité du genre humain sur toutes les espèces zoologiques, et qui est la cause, en même temps, de la plus longue durée de son existence.

L'homme vit cent ans, même au-delà (quelques auteurs ont essayé de prouver que la limite de la vie humaine est deux cents ans) (1).

Parmi les hommes il y a des différences résultant de la latitude.

Les peuples de l'hémisphère boréal vivent plus longtemps que les peuples de l'hémisphère austral. Les Samoyèdes et les Finlandais vivent plus longtemps que les peuples des régions tropicales.

Le cheval vit vingt ans; le chien quatorze; le chat vingt ou vingt-cinq.

L'insecte vit une saison; certaines libellules vivent un jour; certains infusoires vivent quelques heures. Enfin, plus on descend dans la série plus la vie est courte et plus l'animal est moteur.

---

(1) L'homme vivrait plus longtemps que tous les animaux sans le renversement complet dans lequel il stationne actuellement, — renversement qui amène des désordres dans la circulation et dans le fonctionnement de tous les organes, et qui abrège la vie. S'il est des animaux quadrupèdes qui vivent plus longtemps que l'homme, comme l'éléphant, c'est parce que la station horizontale est plus favorable que la station verticale à l'entretien de la vie.

Chez les êtres qui occupent le bas de l'échelle organique, dans la série zoologique, la vie est éphémère — c'est une lueur qui dure un instant. Au contraire, chez les êtres qui occupent le bas de l'échelle, dans la série végétale, la vie est permanente — la mort n'existe pas. Le protoplasma qui se divise engendre de nouveaux êtres qui continuent l'existence des parents, sans qu'il soit rien perdu de son intensité, ce qui a fait dire à M. Van Tieghem que *« l'idée de la mort ne s'applique pas aux plantes non différenciées, elles conservent une jeunesse éternelle ».*

On peut encore mesurer le degré de sensibilité et de motricité des espèces en comparant l'âge auquel les petits commencent à marcher, âge qui correspond, dans la vie animale, à l'âge auquel la locomotion a commencé dans la vie végétale.

Chez les animaux très moteurs les petits marchent en naissant.

Plus les espèces s'élèvent dans l'ordre sensitif plus tard se développe en eux la motricité. Les petits de l'homme ne marchent qu'à un an; le poulain marche comme un grand cheval le lendemain de sa naissance; au bout d'une heure, le jeune chevreau se tient sur ses jambes, et avant la fin de la journée on le voit souvent bondir; le petit chien court au bout de quinze jours; le petit chat est un peu plus lent; le perdreau court au sortir de l'œuf.

Si de l'ordre physique nous passons à l'ordre moral nous trouvons, dans les effets produits par la prédominance d'un des deux éléments nerveux, la même différence fondamentale.

Les facultés sensitives sont difficiles à définir tant elles sont multiples. Ce sont, en général, celles qui ont leur siège dans la partie antérieure du cerveau. La sensibilité est l'agent de toutes les opérations intellectuelles. Toutes les fonctions de l'entendement sont des manières de sentir.

La tradition populaire place le siége de la sensibilité dans le cœur, et cette expression *avoir beaucoup de cœur* est, probablement, bien loin de disparaître du langage vulgaire. Cependant cette manière de s'exprimer est fausse à tous les points de vue. La femme, qui a plus de sensibilité que l'homme, a le cœur plus petit, donc, anatomiquement, elle a *moins de cœur*.

Il y a une trentaine d'années, les physiologistes considéraient les expressions populaires relatives au cœur comme des fictions poétiques. Claude Bernard esssaya de concilier les faits acquis à la science avec les expressions traditionnelles, mais les résultats qu'il obtint sont incomplets.

Les personnes étrangères à l'étude de la physiologie font encore de l'intelligence et de la sensibilité deux ordres de facultés distincts, alors qu'en réalité ces deux mots indiquent une seule et même faculté. Il en est de même de la volonté — qu'il ne faut pas confondre avec l'entêtement. La volonté n'est aussi qu'une forme de la sensibilité; l'entêtement est une opiniâtreté non raisonnée. Bichat disait : « *Le sentiment fournissant les matériaux de la volonté, là où il n'existe pas elle n'est pas, et, par conséquent, les mouvements qui en dépendent ne sauraient se rencontrer* ».

Toute action raisonnée a pour point de départ un phénomène de sensibilité. On peut dire que la sensibilité est la faculté de recevoir des impressions par l'influence des objets extérieurs, et d'en avoir conscience. De ces impressions naît la réflexion.

Plus l'être reçoit d'impressions et plus vite il en a conscience, plus il réfléchit, plus il compare, plus il se souvient, en un mot plus il pense. Donc le développement de la sensibilité engendre l'activité de l'esprit et, comme conséquence, la réflexion et la logique. « Des sensations dérivent immédiatement la perception, la mémoire, l'imagination et, par cela même, le jugement ». (Bichat.)

On peut mesurer la valeur des hommes et déterminer la place qu'ils doivent occuper dans la société par le degré de tension du courant qui parcourt leurs nerfs sensitifs.

Mais il ne faut pas oublier que le degré de sensibilité que possède un individu est en raison inverse de son degré de motricité. Il en résulte que les individus sensitifs joignent à leurs qualités naturelles des qualités négatives engendrées par le défaut de force musculaire. A côté du calme, de la patience, de la persévérance, ils ont le manque d'action et, surtout, la timidité qui naît de l'aversion pour tout ce qui est lutte, combat, violence. Il en résulte que les hommes les meilleurs sont en même temps les plus modestes et presque toujours les plus ignorés, puisque, à moins de circonstances exceptionnelles, pour se faire connaître il faut l'action, l'audace qu'ils ne possèdent pas.

En même temps les plus moteurs, c'est-à-dire les plus remuants occupent les premières places, alors qu'ils devraient occuper les dernières puisque leurs facultés intellectuelles sont moindres, leur réflexion plus lente et qu'ils possèdent, en échange, des facultés motrices qui les rapprochent des animaux et dont l'excès est un danger pour la société. Tout ce qu'on est convenu d'appeler *qualités morales* est le résultat des facultés sensitives, l'amour du bien, du beau, du vrai, la charité, la pitié, la fraternité, le raisonnement.

Dans le domaine des faits c'est la justice et le droit.

La prédominance du système moteur engendre des facultés toute contraires. C'est, d'abord, l'action, l'audace que donne la conscience de la force musculaire. On ne craint rien d'un ennemi que l'on peut terrasser; la brutalité, la cruauté, la violence, la tyrannie, l'injustice, la mobilité, le défaut de persévérance, l'égoïsme, l'orgueil, et enfin un sentiment de vengeance qui naît de ce que lorsqu'un individu a reçu une impression qui le blesse, mais dont *il n'a pas pleine conscience*, une impression qu'il ne peut pas apprécier à sa juste valeur parce qu'il lui manque pour *délibérer* des facultés sensitives qu'il n'a pas, il donne à cette impression une valeur exagérée et veut en tirer une vengeance exagérée (1). La jalousie naît de cette

(1) L'activité motrice du cerveau engendre un état que nous pouvons appeler une maladie, et qui est, paraît-il, très développée

impression. C'est encore la domination, l'ambition, l'autorité arbitraire. En un mot c'est *la force*.

C'est sous son impulsion que les hommes accomplissent tous les actes irréfléchis, dictés par ce qu'on appelle *le premier mouvement*, plus prompt que le mouvement sensitif qui vient après et amène la réflexion et le repentir.

C'est ainsi que chaque fois que les nerfs moteurs

---

dans l'hémisphère austral, M. Zimmermann, sans en connaître la cause, décrit ainsi cette maladie, dans son livre « *L'Homme* » : « Les Malais de Malaca partagent avec tous les Malais l'instinct de la vengeance ; mais chez eux c'est une rage de destruction qui enveloppe non-seulement la personne de l'offensé, mais même tous les êtres vivants. On appelle cette frénésie la course de l'*amok*. L'offensé se retire pour réfléchir à la vengeance qu'il tirera de son ennemi, et cette méditation, l'effet de l'opium aidant, le plonge bientôt dans une fureur qui tourne au délire ; dans cet état il tire son krisch de sa gaine et en frappe tout ce qui se présente sur son passage ; il s'élance à travers les chemins en criant sans cesse : *amok ! amok !* tue ! tue ! Malheur alors à l'infortuné qui n'a pas le temps de se réfugier dans une maison, à la vue de ce forcené qui traverse la ville les yeux injectés de sang, le poignard au poing, frappant indistinctement tout ce qu'il rencontre. Dans les possessions hollandaises il y a des chasseurs d'*amok* ; ce sont des hommes très forts, spécialement dressés à cet exercice ; ils sont armés d'une espèce de fourche ; quand ils rencontrent un coureur d'*amok* ils doivent le terrasser, ce qu'ils exécutent en lui saisissant le cou entre les fourches de leur arme ; au choc violent renversé le furieux, et la fourche enfoncée dans le sol l'empêche de se relever ; d'autres auxiliaires s'élancent en même temps pour lui garotter les pieds et les mains, et le misérable est livré dans cet état au tribunal qui prononce presque toujours la peine capitale. Dans les colonies anglaises de l'Inde, les coureurs d'*amok* sont marqués au front, au moyen d'un fer rouge, du mot *murder* (assassin) avec leur nom, et condamnés aux travaux forcés à perpétuité dans un lieu de déportation comme Singapoore. Malgré l'organisation intelligente de cette institution il arrive rarement que le coureur d'*amok* soit arrêté avant que l'on ait pu prévenir plusieurs attentats. »

veulent agir sans en avoir reçu mission, dans les centres sensitifs, ils exécutent des mouvements incohérents, irrationnels, ne répondant pas à une pensée et n'allant pas vers un but.

Pour me résumer, je dirai que la motricité engendre l'égoïsme ou l'amour de soi — effet que j'explique par une cause physique. Le fluide négatif étant *pauvre* chimiquement puisqu'il possède une faible densité, celui qui ne possède surtout que celui-là garde pour lui tout ce qu'il a et attire à lui tout ce qu'il peut. Tandis que la sensibilité engendre *l'altruisme*, ou l'amour d'autrui. Ce qui s'explique de la même façon. L'individu *altruiste* ou sensitif est un riche qui donne aux pauvres.

On peut encore exprimer cette idée d'une autre manière. On peut dire que le système sensitif est *exogène*, il cherche à se répandre au dehors; le système moteur est *endogène*, il tend à se concentrer vers l'intérieur, vers *le moi*. Cette façon de s'exprimer a l'avantage d'être en rapport avec les faits anatomiques.

L'altruisme engendre la liberté.

L'égoïsme engendre l'esclavage.

Toutes les mœurs des peuples dépendent de la mise en pratique d'un de ces deux amours.

L'altruisme commence à la politesse et finit au martyr.

L'égoïsme commence à la grossièreté et finit à l'assassinat.

La jalousie est une des manifestations de l'égoïsme, l'altruisme ne la connaît pas. Je ne sais pas de plus bel exemple d'altruisme que cet usage pratiqué par les Esquimaux qui consiste à offrir à l'étranger qui s'arrête chez eux leur table et leur femme. Aucun peuple de l'hémisphère austral n'est capable d'un pareil raffinement d'altruisme.

Le système moteur qui engendre la force, et le système sensitif qui engendre le droit, sont les deux principes qui sont en lutte dans les sociétés et que les mythologies ont appelés le principe du bien et le principe du mal; dans les religions de l'Inde, le *destructeur* et le *conservateur*.

La lutte de ces deux éléments commence dans la cellule organique et se manifeste chaque fois qu'ils sont mis en présence l'un de l'autre.

S'il était possible de concevoir un homme animé seulement du fluide négatif, cet homme ne posséderait que des nerfs moteurs, il ne connaîtrait pas la sensibilité. Il pourrait se mouvoir, mais n'y étant sollicité par aucune sensation il n'exécuterait que des mouvements inconscients comme un somnambule ou comme un infusoire. C'est ce manque d'incitation sensitive qui explique la paresse des peuples moteurs des régions méridionales, qui mettent toute leur activité dans la guerre et si peu dans l'industrie. Supposez, au contraire, un être uniquement animé du fluide solaire et ne possédant que des nerfs de sensibilité; il recevra des impressions vives et multiples, mais il ne pourra les traduire par des actions. On peut comparer cet être imaginaire à un homme atteint dès sa naissance de paralysie générale. Ces deux êtres incomplets représentent la limite extrême de la séparation des deux fluides. Mais ils sont imaginaires, attendu que le principe même de la vie repose sur la combinaison des deux éléments et que, suivant une expression heureuse de Cl. Bernard, un nerf isolé n'existe pas plus qu'un élément zinc et un élément cuivre n'existent au point de vue électrologique.

Il semble que dans la lutte que se livrent toutes les espèces animales, les plus forts physiquement devraient toujours triompher.

Cependant il n'en est pas ainsi puisque l'homme, qui a soumis toute la terre à son empire, est, physiquement, le plus mal doué pour se défendre. On peut même dire le plus faible si l'on compare la somme de ses forces aux proportions de son corps. Cela provient de ce que les espèces qui ne possèdent pas la force physique, qui engendre la contraction musculaire, possèdent la force intellectuelle qui engendre toutes sortes de moyen de défense, que l'on peut résumer dans le mot *ruse*.

Comme on le voit, il faut renoncer aux idées de *sélection naturelle* et autres causes du même genre, empruntées à la métaphysique par les mystiques du matérialisme, qui voudraient nous imposer la croyance que les différences physiologiques qui caractérisent les espèces sont dues à une action individuelle, multipliée par l'action accumulatrice des siècles.

Il n'existe rien de semblable. La cause unique de ces différences réside dans les forces physico-chimiques qui agissent sur la terre et engendrent les êtres organisés, lesquels sont étrangers à leur formation.

L'AGENT NERVEUX

Pour trouver la cause ultime des phénomènes il ne suffit pas d'observer les phénomènes. La méthode empirique ne révèle que des effets, elle ne remonte pas aux causes, aussi cette méthode est-elle incomplète; elle ne nous fait connaître que des détails épars, non reliés entre eux par *un élément conjonctif*.

Lorsque l'on s'aventure à la recherche des causes naturelles qui régissent le monde organique et le monde inorganique, on est surpris, en même temps qu'attristé, de voir les ténèbres qui règnent dans toutes les sciences sur ce terrain-là. On est affligé de voir des erreurs monstrueuses érigées en lois. (Faut-il citer à l'appui toute l'œuvre de Newton, esprit nébuleux qui a entravé le progrès des sciences physiques comme l'esprit nébuleux de M. Darwin tend à entraver le progrès des sciences naturelles) (1).

En dehors de cela on ne trouve que des observa-

---

(1) Toute la physique, qui étudie l'action des agents impondérables sur les corps, repose sur la théorie des radiations. L'unité des causes physiques est dans la radiation qui engendra le mouvement, la chaleur, la lumière, l'électricité. Newton n'a rien aperçu de tout cela.

tions de détail, observations qui ne demandent aucun effort intellectuel, mais seulement, en physiologie un laboratoire bien monté, en histologie un bon microscope.

Partout le *tissu conjonctif* manque, et les faits, comme des éléments anatomiques dissociés, gisent épars sans pouvoir former un corps.

Partout on constate cette même absence d'effort intellectuel pour relier entre eux les faits.

La causalité est une faculté qui semble disparaître de l'esprit des hommes.

Les notions que la science actuelle possède sur toutes choses sont les pièces d'un jeu de patience jetées çà et là, sans ordre, pêle-mêle, ou, si vous voulez, des caractères d'imprimerie projetés sur le sol. Attendez-vous que d'eux-mêmes ils se disposent de manière à former l'Illiade? vieille comparaison, mais toujours juste.

Pour assembler les pièces il faut une vue d'ensemble que peu d'entre les hommes possèdent, il faut pouvoir embrasser d'un coup d'œil tout le tableau que ces pièces réunies doivent former.

Les détaillistes empiriques me font l'effet de gens qui voient l'Univers à travers une lorgnette de théâtre, dans laquelle ils regardent par le petit oculaire, ils rapprochent les objets et en observent les détails, mais leur champ est d'autant plus rétréci que l'objet est plus rapproché.

Je n'ai jamais pu suivre cette méthode, ma vue ne s'accomode pas à ce point visuel; je regarde l'Univers par le gros oculaire — je vois l'ensemble, je m'aperçois par les détails. J'élargis le champ, quitte à chercher ensuite des preuves histologiques soit dans la nature, soit dans les travaux de ceux qui n'ont vu que le petit côté de la science.

L'agent du système nerveux est une des causes qui ont le plus été cherchées, et le plus discutées.

On a voulu en faire une vibration moléculaire, comme si un ébranlement de molécules pouvait causer les phénomènes chimiques qui accompagnent toujours la transmission nerveuse.

On a voulu en faire une décomposition chimique, mais sans expliquer de quelle nature elle pouvait être. Enfin on en a fait un influx analogue au fluide électrique (1). Ce mot *analogue* indique avec quelle timidité la vérité s'impose, alors que l'erreur a toujours tant de hardiesse.

J'ai toujours éprouvé un grand étonnement en face des discussions de ce genre. Voir affirmer ou nier l'action d'une force, comme l'électricité, dont, pour commencer, *on ne connait pas l'essence* ; voir

---

(1) « Toute activité des nerfs qui se manifeste dans les muscles à titre de mouvement, dans le cerveau à titre de sensation, est accompagnée d'une modification du courant électrique du nerf. Au moment même où le mouvement ou la sensibilité se produisent, le courant du nerf subit une diminution d'intensité ».

« Il y a dans tout nerf un courant électrique, mais les excitations qui frappent les nerfs à la périphérie du corps ne sont perçues que lorsque les nerfs les ont conduits au cerveau.

» Les procédés les plus délicats d'observation des phénomènes électriques démontrent que, dans chaque mouvement qu'un nerf de notre corps produit, il se fait un changement dans le courant électrique de ce nerf. Ce fait a été démontré pour la première fois le 18 novembre 1847 ».

MOLESCHOTT. *Circulation de la vie.*

appliquer cette force inconnue à la recherche de l'agent nerveux, *dont on ne connaît pas la nature*, me fait l'effet d'un homme employant une arme dont il ne connaît pas le maniement pour combattre un ennemi qu'il ne voit pas. C'est, suivant une expression de Paul Bert, expliquer l'inconnu par l'inconnu.

Pour affirmer ou nier l'intervention d'une force il faut la connaître, pour procéder à l'expérimentation il faut savoir sur quoi l'on expérimente.

Sans ces deux conditions essentielles tout est vague — on ne fait que des tâtonnements dont les résultats ne peuvent avoir de valeur sérieuse.

Donc, à ceux qui nient l'action de l'électricité, je commencerai par dire: qu'est-ce que l'électricité? si vous ne savez là-dessus que ce que nos livres de physique enseignent, ce n'est pas la peine de vous mêler de la question, vous ne savez rien.

Pour se prononcer il faut non-seulement connaître l'essence de l'électricité, mais encore connaître toutes ses manifestations — or nous ne les connaissons pas puisque, tous les jours, nous en découvrons de nouvelles. Donc pourquoi ne pas admettre que la transmission nerveuse est une de ces manifestations.

Le procédé de Helmolz pour mesurer la vitesse de l'influx nerveux n'est, du reste, nullement infaillible, et repose, pour commencer, sur une hypothèse, puisque ce qu'il mesure c'est le moment de la contraction musculaire. Or, quand le muscle se contracte le nerf a cessé d'agir. La contraction est une réaction et non pas une action de nerf. Quant au moyen employé pour mesurer la vitesse du courant sensitif, il est plus défectueux encore puisqu'il consiste à avertir en frappant avec la main au moment où la sensation est perçue. Or, *frapper* est une réaction motrice, dont le moment où le coup est frappé n'est pas celui où la sensation est perçue, puisque, dans cette expérience, les deux actions sensitives et motrices interviennent.

Du reste les auteurs qui se sont occupés de cette question ne sont pas tombés d'accord sur la vitesse des courants. Chauveau a trouvé 70 mètres par seconde pour la vitesse de transmission dans le pneumogastrique du cheval. La vitesse semble plus grande chez les animaux supérieurs. On suppose 60 mètres par seconde pour la propagation dans les nerfs sensitifs. D'après M. Marey, la vitesse serait plus grande pour le courant sensitif que pour le courant moteur, mais rien ne prouve ces hypothèses.

Cl. Bernard, un de ceux qui ont méconnu la cause réelle des phénomènes électro-physiologiques dit, à ce sujet : « L'électricité ne se substitue pas à l'agent nerveux, c'est un simple excitant. Le tissu musculaire conduit mieux l'électricité que le tissu nerveux (1). Cela prouve bien que le nerf n'agit pas

---

(1) C'est parce qu'il ne le conduit pas qu'il est un agent électrique. — Lorsqu'un corps ne conduit pas les courants radiants d'oxygène, c'est qu'il *les absorbe* et les emmagasine pour les rendre à un moment donné. Le protoplasma végétal,

par l'électricité, à moins qu'on admît qu'il put, en quelque sorte, lui servir de multiplicateur, ce qui me semble difficile à établir. »

La différence de vitesse de transmission du courant électrique et du courant nerveux s'explique de plusieurs manières:

1° Le renversement de l'individu qui a arrêté brusquement le développement de tous les organes, et surtout celui du système nerveux. Mais ici ce n'est pas seulement un arrêt de développement, c'est, en même temps, un ralentissement de la transmission électrique dont nous avons vu le premier effet dans le ralentissement de la circulation.

Si le corps avait conservé la position qu'il occupait sur le sol, à l'état de la plante, ses fibres nerveuses auraient continué à fonctionner suivant leur direction primitive. Le système nerveux n'aurait pas présenté les complications qui sont nées de ce que les choses se sont trouvées embrouillées par ce renversement.

La position de l'arbre étant toujours la même, relativement à la position de la terre sous le soleil qui nous envoie le fluide électro-magnétique, les courants atmosphériques suivent toujours la même voie pour venir solliciter ou exciter les courants

---

origine même de l'agent nerveux, est aussi mauvais conducteur du courant électrique; il absorbe toute la radiation d'oxygène; à moins qu'elle ne soit trop puissante; le courant de trente éléments de Grove détermine instantanément l'arrêt définitif du protoplasma.

individuels de la plante. La place occupée par chaque filet terminal de l'élément nerveux est géométriquement déterminée, puisque la forme de l'arbre, le nombre de ses ramifications et la façon dont elles s'étalent, sont constantes dans une même espèce. Mais renversez l'arbre, vous dérangez toute cette harmonie, et vous ralentissez l'action des courants, puisqu'ils ne trouvent plus autour d'eux les points d'attraction auxquels ils obéissaient, mais, au contraire, trouvent partout des agents de répulsion avec lesquels ils luttent.

« On sait que la terre et l'atmosphère qui l'entoure, dit M. Van Tieghem, sont toujours pénétrées d'électricité dont la quantité et la tension varient à tous moments. Comme la tension du sol est généralement différente de celle de l'air, il se fait entre le sol et l'atmosphère un échange perpétuel d'électricité.

Plongée dans le sol par ses racines, dans lesquelles l'électricité possède la tension du sol, élevant dans l'atmosphère une cime rameuse où s'épanouissent ses rameaux et ses feuilles, et qui partage naturellement la tension électrique de l'air, une plante isolée a donc son corps incessamment traversé par des courants qui se dirigent tantôt de haut en bas, tantôt de bas en haut ».

Mais si vous retournez l'arbre, non pas pendant son développement, alors qu'il est encore susceptible de s'adapter à de nouvelles conditions, mais à un moment où ses organes déjà profondément différenciés ne peuvent plus être modifiés, vous le mettez, vis-à-vis des forces qui l'ont créé, en lutte ouverte, et dès lors, trop faible pour lutter, l'harmonie première se dérange.

La vitesse de la transmission électrique est égale à celle de la propagation de la lumière, environ 78,000 lieues par seconde, puisque la lumière et l'électricité sont deux manifestations de la même radiation d'oxygène. La vitesse de la transmission de l'action nerveuse, malgré le désaccord des auteurs sur cette question, est évaluée, à peu près, à 43 mètres par seconde.

Outre la cause principale que je viens de donner pour expliquer cette énorme différence, on peut invoquer d'autres causes, qui me semblent moins importantes, mais qui, cependant, ont aussi leur valeur ; ainsi, on peut supposer que la différence de vitesse de la transmission provient de la différence d'énergie de l'impulsion. L'impulsion solaire qui fait radier les courants électriques qui traversent l'espace et l'atmosphère est incommensurable ; l'impulsion que l'animal donne à ses courants radiants est infiniment plus petite. La différence peut très-bien être comme 78,000 lieues sont à 43 mètres (1).

---

(1) « Les compositions et les décompositions qui s'opèrent sans cesse dans l'intérieur du corps de la plante, dit M. Van Tieghem, la réaction acide de certaines cellules, tandis que d'autres sont alcalines, enfin les phénomènes de diffusion et d'osmose doivent donner naissance à des courants électriques qui se propagent dans la masse et parviennent à la périphérie.

On peut encore invoquer une autre cause. Nous mesurons la vitesse du courant de *l'électricité actuelle*, et nous comparons cette vitesse à celle de nos courants nerveux, dont l'origine remonte à une époque où les forces électriques étaient autres que ce qu'elles sont aujourd'hui. Or, un organe créé ne traduit que *les forces qui l'ont créé*; le courant nerveux ne peut représenter que la vitesse des courants qui existaient lors de sa formation première, vitesse qui a dû se perpétuer fidèlement dans l'organisme animal, quels qu'aient été les changements postérieurs survenus dans l'intensité des forces physiques.

Le courant primitif, qui engendrait le système sensitif, était beaucoup plus lent, en même temps qu'il possédait une plus grande puissance chimique, lorsque le foyer solaire était plus intense. La vitesse de transmission acquise alors s'est perpétuée dans

---

Ces courants sont encore bien peu connus. Tout ce qu'on sait de certain, c'est que l'intérieur du corps des plantes terrestres, des tiges et des feuilles, par exemple, est toujours électro-négatif par rapport à sa surface. La racine a pourtant sa surface électro-négative, mais nous verrons plus tard que la coupe superficielle de ce membre est, en réalité, une couche interne devenue extérieure par exfoliation. La règle est donc observée. Il n'en est pas moins vrai que si l'on intercale une plante vasculaire dans le circuit d'un galvanomètre en posant l'un des fils sur la tige ou les feuilles, l'autre sur la racine, on observe dans le galvanomètre un courant allant de la tige à la racine. Si l'on explore avec les électrodes les différents points du limbe d'une feuille, on trouve toujours, quelle que soit la feuille, que les nervures sont électro-positives par rapport au parenchyme. Les nervures étant beaucoup plus marquées chez les dicotylédones que chez les monocotylédones, la force électro-motrice y est aussi beaucoup plus considérable ».

les êtres créés à cette époque, quoique la force se soit modifiée depuis. Toutes les modifications successives des courants sont indiquées par la création des organismes qui se sont succédés sur la terre, et dont le système nerveux révèle l'état ou le degré. En d'autres termes, l'intensité des forces qui se propagent dans les corps organisés s'y perpétue. De là la constance des caractères dans chaque espèce, malgré la différence des milieux.

L'oxygène qui circule dans nos nerfs aurait donc toujours la tension qu'il avait à l'époque où nous avons été formés. Cette tension était celle de l'oxygène qui régnait dans l'atmosphère ; elle n'est plus celle de notre oxygène actuel. Donc les manifestations électriques de nos courants nerveux ne peuvent pas être les mêmes que celles des corps inorganiques qui ne perpétuent rien.

Nous avons chacun un optimum d'intensité nerveuse qui traduit la tension de nos courants nerveux. Cet optimum oscille entre des limites au-delà desquelles la vie s'arrête. Nous cherchons dans tout le cours de notre existence à nous remettre dans un milieu favorable à cet optimum. Ce milieu, que nous ne retrouvons plus, était l'état normal de l'atmosphère à l'époque où la vie de l'humanité a atteint sa plus grande intensité.

La radiation solaire et la radiation individuelle de l'homme étaient alors en harmonie parfaite ; c'était des courants possédant la même tension. On a remarqué que les individus végétaux mobiles à la surface terrestre se rapprochent ou s'éloignent de la source des radiations pour retrouver le point qui les rapproche le plus de cet état d'harmonie. Lorsqu'ils sont immobiles ils souffrent des écarts qu'ils sont forcés de supporter, et leur vie n'atteint toute son intensité que lorsqu'ils sont remis dans des conditions plus favorables. Mais comme dans le milieu actuel ils ne peuvent plus retrouver ces conditions, il en résulte un ralentissement des fonctions vitales qui les empêche de dépasser une limite de végétation qui est représentée par les premières semaines du développement embryonnaire. Nous pouvons mesurer, par le chemin qui reste à faire aux organismes végétaux actuels pour achever leur développement, les différences physiques du milieu actuel et du milieu antérieur dans lequel la plante continuait son travail d'organisation jusqu'à l'état animal.

La tension de nos courants nerveux est notre optimum d'intensité. Si nous pouvions rétablir cette tension dans le milieu dans lequel nous vivons, notre vie acquerrait son maximum d'intensité. Si cet optimum se maintenait sans oscillations ni dans un sens ni dans l'autre, notre vie n'aurait pas de terme. La mort est le résultat de l'écart qui existe, et qui augmente sans cesse, entre notre optimum primitif et l'état actuel du milieu qui nous entoure.

Des expériences concluantes ont prouvé que l'électricité est la principale nourriture des végétaux. Il serait trop long de les mentionner ici ; il serait trop long également de nous occuper du débat contradictoire soulevé dernièrement par M. Naudin à ce sujet. Je ne veux constater qu'une chose, c'est que cette force vitale qu'on appelle l'innervation chez les animaux, cette faculté que l'on avait refusée aux végétaux jusqu'à ce jour et dont on avait même voulu faire une ligne de démarcation entre le règne animal et le règne végétal, a été non-seulement discutée, mais même affirmée (1), le jour où l'on a prouvé que la plante ne peut pas vivre sans électricité.

---

(1) « Les caractères des êtres organisés dont l'ensemble constitue le règne végétal, peuvent se résumer en un seul mot : *la vie*.

Les naturalistes se sont généralement appliqués à faire ressortir les différences essentielles qui caractérisent les règnes. Je me propose, au contraire, d'insister sur les *analogies* et les *similitudes* qu'ils présentent, tant dans les formes de leurs organes ou de leurs appareils que dans les fonctions physiologiques dont l'ensemble constitue, soit la vie animale, soit la vie végétale.

Les fonctions physiologiques exécutées par les organes ou appareils, dans la série de tous les êtres organisés (végétaux et animaux), s'exécutent sous l'influence d'un principe d'action désigné, tantôt sous le nom de force vitale, tantôt sous le nom de force *d'innervation*. L'appareil de l'innervation offre d'autant plus de développement qu'on l'observe dans les classes les plus élevées de l'échelle du monde organique. Chez les animaux supérieurs il se compose de l'encéphale ou cerveau et de ses annexes ou dépendances; plus du système ganglionnaire (grand sympathique) annexé lui-même au précédent et qui préside aux fonctions de la vie dite végétative.

L'appareil de l'innervation si complet et si développé dans l'embranchement des animaux vertébrés s'affaiblit déjà, comme importance, dans les classes inférieures de cet embranchement; très complexe encore cependant chez les articulés et les mollusques, il se simplifie de plus en plus chez les rayonnés et devient assez vague chez les microzoaires ».

GERMAIN DE SAINT-PIERRE. *Dictionnaire de botanique.*

Et cependant toutes ces discussions manquaient de base, puisque ceux qui les soutenaient, ne sachant pas que le courant électrique est une radiation d'oxygène, affirmaient ou niaient sur des données empiriques incomplètes, — ou se contredisaient, car tel botaniste qui niait l'action de l'électricité affirmait, en même temps, que la plante absorbe les radiations solaires, sans se douter qu'il affirmait et niait, en même temps, une seule et même chose (1).

La plante vit, c'est incontestable ; or, il n'y a pas de vie sans l'intervention de l'oxygène radiant. La question est de déterminer les degrés de vie dans chaque individu.

Du reste, nous ne pouvons, dans aucun cas, dire que les plantes sont dépourvues de sensibilité (quoique je fasse naître *la conscience de la sensibilité* au moment de la réunion des deux fluides). Nous ne pouvons dire qu'une chose, c'est qu'elles sont dépourvues de motricité, parce que si elles en possédaient elles exécuteraient des mouvements qui

---

(1) M. Becquerel dit, dans ses *Éléments d'électro-chimie*, page 101, au sujet de la circulation des courants électriques dans la plante :

« L'électricité positive débouchant par les racines et remontant suivant la direction déterminée produit, suivant toujours les apparences, une foule de courants partiels allant de l'écorce à la moëlle et de là jusqu'aux dernières branches. De la terre, ou plutôt des racines au végétal, il doit exister de semblables courants ».

Cette description confirme l'identité que j'ai déjà établie de la topographie du système nerveux dans la plante et dans l'animal, en expliquant la direction des courants.

nous en avertiraient. Mais la sensibilité sans motilité n'a aucun moyen de se révéler, puisqu'elle ne peut jamais être appréciée que par la réaction motrice.

J'ai expliqué comment l'origine de la circulation nerveuse est un courant libre d'oxygène, d'abord enfermé dans le nucléole du noyau de la cellule et circulant ensuite dans, ou sur, les *trachées déroulables*. Donc l'essence du système nerveux n'est pas un ébranlement moléculaire. S'il n'y avait qu'ébranlement sans transport de matière : 1° il n'y aurait pas de phénomènes chimiques; 2° toutes les impressions seraient les mêmes, il n'y aurait que des différences d'intensité.

C'est la molécule elle-même qui circule et qui apporte, comme un courrier fidèle, l'impression qu'elle a reçue. Ce n'est qu'un déplacement d'impression, un transport d'impression. Ce qui était dans un endroit va, dans un temps rapide comme l'éclair, se trouver transporté dans un autre endroit, où *ce quelque chose* se trouve tout d'un coup illuminé par la lueur de la conscience au moment de sa rencontre avec l'élément contraire.

C'est là, me dira-t-on, faire d'un molécule un être intelligent. Eh bien! — Si la somme de notre oxygène individuel représente la somme de notre intelligence, pourquoi chaque molécule de cet élément ne serait-elle pas une fraction de cette intelligence? Pourquoi la source d'oxygène, — le foyer, ou les foyers solaires, qui nous envoient la vie ne seraient-ils pas considérés comme l'intelligence suprême?

Est-ce que toutes les religions passées n'ont pas été basées là-dessus? Est-ce que la divinité n'a pas été mille fois définie par cette phrase : *Principe éternellement pur dont le feu est le symbole.* Or, le feu, c'est l'oxygène.

Est-ce que Zoroastre n'a pas institué le culte du soleil?

Est-ce que toutes les religions n'ont pas placé *Dieu* dans l'empire céleste, dans l'espace, que l'on a appelé *en haut*, c'est-à-dire entre nous et le soleil, par opposition au mauvais esprit que l'on a toujours fait résider *en bas*, c'est-à-dire dans les régions sidérables opposées au soleil, par rapport à nous.

Est-ce que le fluide nerveux, l'âme, en un mot, n'a pas, de tout temps, été considéré comme l'essence même de Dieu, comme une parcelle de la divinité incarnée en nous?

On ne peut donc pas séparer ces deux idées, — Dieu et l'âme, — de même que l'on ne peut pas séparer l'influx nerveux de l'électricité solaire.

Qu'on ne m'accuse pas d'athéisme, je ne nie pas Dieu, — je l'explique. Je ne nie pas l'âme, je l'analyse.

L'oxygène est l'âme du monde. — Peut-on le nier, puisque sans lui il n'y aurait ni vie, ni lumière, ni chaleur!

Tout ce que l'on considère comme *émané de Dieu*, est produit par l'action d'un courant d'oxygène radiant.

Pourquoi refuser à la matière raréfiée, subtilisée, cette intelligence, — qui n'est qu'une de ses propriétés, — et vouloir doter de cette propriété un être imaginaire (1)? Pourquoi cet amour du merveilleux, de l'invraisemblable, de l'absurde, quand *le vrai* est si simple, si grand, si beau et si facile à concevoir.

L'oxygène ne possède-t-il pas toutes les propriétés dont on a fait les attributs de la divinité?

---

(1) « Qu'est-ce que la matière radiante? Le nom vient de Faraday qui, il y a plus de soixante ans, en 1816, simple étudiant, âgé de vingt-quatre ans et déjà passionné pour la méthode expérimentale dont il devait être le coryphée, avait exposé dans les termes suivants cet état subtil de la matière raréfiée :

« Si nous imaginons un état de la matière aussi éloigné de l'état gazeux que celui-ci l'est de l'état liquide, en tenant compte, bien entendu, de l'accroissement de différence qui se produit à mesure que le degré de changement s'élève, nous pourrons peut-être, pourvu que notre imagination aille jusque-là, concevoir à peu près la matière radiante ; et, de même qu'en passant de l'état liquide à l'état gazeux, la matière a perdu un grand nombre de ses qualités, de même elle doit en perdre plus encore dans cette dernière transformation ».

Plus le vide devient parfait, plus s'accroît la distance moyenne qu'une molécule parcourt avant d'entrer en collision, ou, en d'autres termes, plus la longueur moyenne de la course libre augmente, plus les propriétés physiques du gaz se modifient. Ainsi, quand nous arrivons à un certain point, les phénomènes du radiomètre deviennent possibles; et, si nous poussons la raréfaction du gaz encore plus loin, c'est-à-dire si nous diminuons le nombre de molécules qui se trouvent dans un espace donné, et que par là nous augmentions la longueur moyenne de leur course libre, nous rendrons possible les expériences dont il s'agit ici : « Les phénomènes, dit M. Crookes, diffèrent tellement de ceux présentés par les gaz de tension ordinaire, que nous sommes forcés d'admettre que nous sommes en présence d'un quatrième état de la matière, lequel est aussi éloigné de l'état gazeux que celui-ci l'est de l'état liquide ».

(Extrait d'un article de M. Flammarion publié dans le *Voltaire*.)

N'est-il pas subtil comme la pensée (dans le courant *électrique*), n'est-il pas répandu partout, n'est-il pas *immatériel* lorsqu'il est radiant, puisqu'il échappe alors à nos sens — et à la balance. (J'emploie le mot *immatériel* par concession). N'est-il pas la source de notre vie, de notre gaieté, de l'amour même, ce bonheur suprême qui naît de la tension d'un courant d'oxygène radiant qu'une autre personne dirige vers nous.

« Un créateur qui présiderait au développement de la nature organisée par l'intermédiaire d'une force placée en elle-même, dit le professeur Brown, comme il dirige celui du monde inorganique, par les seuls effets combinés de l'attraction et de l'affinité, répondrait en même temps à une idée beaucoup plus sublime. »

Les *Védas*, cet admirable code où toutes les religions ont puisé leurs principes, expliquent cette infiltration de Dieu dans le système nerveux, d'une façon qui n'est pas allégorique, mais claire comme la science.

Quoique ces recherches sortent de mon sujet, qu'il me soit permis de citer quelques *slocas* des Védas, dans lesquels Manou fait connaître l'origine de l'essence de l'âme, qui est, pour lui, une émanation de la substance du *Grand Tout* (de l'oxygène solaire).

Livre VII. *Védas*. Dernier livre de Manou. (Traduction de M. Jacolliot).

« Le moteur de ce corps est appelé kchetradjna (âme, principe de vie), et le corps qui accomplit des fonctions visibles et matérielles a reçu le nom de boûtâtna. Composé d'éléments. »

« Un autre élément interne appelé mahat (sensation), vit avec tous les êtres animés, et c'est grâce à lui que le kchetradjna perçoit le plaisir et la peine. »

Ces deux versets nous expliquent le dualisme du système nerveux — l'agent moteur qui accomplit les fonctions visibles et matérielles, et l'agent sensitif au moyen duquel nous percevons le plaisir et la peine.

« La sensation et l'âme intelligente, unies aux cinq sens — l'ouïe, la vue, l'odorat, le toucher, l'attrait mutuel des sexes — sont dans une liaison intime et constante avec le Grand Tout qui réside dans les êtres de l'ordre le plus élevé aussi bien que dans ceux de l'ordre le plus bas. »

Ce verset nous explique le principe actif des nerfs craniens dans les organes des sens, et celui du grand sympathique dans l'attraction sexuelle. Leur liaison constante avec le *Grand Tout*, c'est la solidarité des forces nerveuses et des forces magnétiques. Le Grand Tout qui réside dans les êtres c'est l'oxygène qui existe partout où il y a vie. Ce qui, du reste, est encore affirmé par le verset suivant :

« De la substance du *Grand Tout*, s'échappent continuellement d'innombrables principes vitaux qui communiquent sans cesse le mouvement aux créatures des divers ordres. »

« Apprenez quels sont les organes que les

anciens pundis ont déclaré être au nombre de onze. L'ouïe, la sensation de la peau, la vue, le goût, les organes de la génération, la langue, la main, le pied et l'organe de la voix. Les cinq premiers sont nommés organes de l'intelligence ; les cinq derniers organes de l'action.

« Il en est un autre, le onzième, le plus grand de tous, qui renferme en lui l'intelligence et l'action auquel tous les sens obéissent ; il s'appelle la conscience. »

« Ainsi la conscience humaine — ahancara — seule a la conception, la volonté, la direction, le jugement ; les organes sont inconscients et irresponsables. »

« Swayambhouva a déclaré la plus pure la partie du corps humain qui descend de la tête au nombril (moitié positive du corps portion hypocotylée de la plante) et, dans cette partie, la bouche a été déclarée la plus pure (celle qui contient le plus de fibres sensitives).

« Qu'il sache que l'âme possède la notion du bien, celle du mal, et qu'il y a, de plus, en elle, des aspirations qui ne se peuvent définir en ce monde, ce qui tient à son union avec les substances matérielles et périssables dont le corps est formé. »

Les aspirations qui ne se peuvent définir, c'est l'affinité chimique des éléments. Notre oxygène radiant, en vertu de son affinité pour les radiations d'oxygène atmosphérique, doit tendre à se réunir à elles — c'est la tension électrique, du reste. Mais cette tension est arrêtée dans son mouvement expansif par les tissus — substances matérielles — dans lesquels le système nerveux est engagé. La désorganisation des tissus que la mort amène, peut seule mettre notre oxygène en liberté. Ceci est encore affirmé par le verset suivant :

« L'acte par lequel l'âme aspire après l'inconnu, est un souvenir du *swanga* dont elle a gardé l'empreinte, comme on voit vaguement, au réveil, les images qui vous ont frappé dans les songes. »

« Lorsque soit le *bien* (principe sensitif), soit le *mal* (principe moteur), arrivent à dominer entièrement un être animé, ils le rendent semblables à eux. »

Remarquez comme cette phrase confirme toute ma théorie sur l'origine des facultés et des fonctions des organes, sur le caractère que la cause qui crée imprime à l'organe qu'elle crée.

« Mais ce qui fait la récompense ou la punition légitime, c'est la liberté du choix de l'homme entre le bien et le mal. Le bien c'est la bonté, LA SCIENCE et la modération. Le mal c'est l'ignorance, la passion et les appétits brutaux, toutes choses qui luttent dans l'homme et qu'il doit savoir maîtriser à son gré. »

Que de choses renferme ce verset ! Nous y trouvons le principe de toutes les fonctions cérébrales.

Le bien *c'est la science*, quelle belle phrase! Combien nous devons l'admirer ! Le principe du bien c'est l'agent du système nerveux sensitif, ce principe engendre les facultés intellectuelles — d'où résulte la science.

La *modération*, c'est la coordination des actes, des pensées, des mouvements, cette fonction qui réside dans le cervelet et sans laquelle les mouvements sont incohérents, les actions inconscientes, les pensées irréfléchies. Voilà le cervelet réhabilité.

Le mal c'est l'ignorance — qui en doute? — la passion, c'est-à-dire le contraire de la coordination, les appétits brutaux, puisque l'élément dont l'homme se débarrasse en satisfaisant ces appétits est l'élément sensitif (1), celui qui engendre le bien, la science — celui qui vient de Dieu — du Dieu Oxygène — celui qui est une parcelle de Dieu même et dont la tension, ou l'accumulation, fait la supériorité des hommes sur les autres espèces.

La moitié au moins du code de Manou est destinée à contenir cet instinct dont la satisfaction diminue la valeur morale de l'homme.

« L'âme est l'assemblage des dieux (assemblage, c'est-à-dire combinaison des deux fluides) l'Univers repose dans l'âme suprême; c'est l'âme qui produit la série d'actes accomplis par les êtres animés. »

« Que le brahme contemple, en s'élevant par le secours de la méditation, *l'éther subtil des cavités de son corps, l'air dans son action musculaire et dans les nerfs du toucher, la suprême lumière dans sa chaleur digestive et dans ses organes visuels, l'eau*

---

(1) Voir plus loin le chapitre concernant l'origine des sexes et la reproduction.

dans les fluides de son corps, la terre dans ses membres. »

Voilà tous les états de l'oxygène énumérés. *L'éther subtil* c'est le fluide électrique, dans le courant nerveux ou dans l'air. L'eau, une autre forme de l'oxygène. Enfin qu'il contemple *la terre dans ses membres*; la terre ce sont les éléments inorganiques des tissus.

« Mais il doit se représenter le *grand Être* comme le souverain maître de l'Univers, comme *plus subtil qu'un atome, comme aussi brillant que l'or pur* et comme ne pouvant être conçu par l'esprit que dans le sommeil de la contemplation la plus abstraite. »

En effet, la matière radiante — le courant électrique — se conçoit mais ne se voit pas.

« Les uns l'adorent dans le feu, d'autres dans l'air. Il est le Seigneur des créatures, l'éternel Brahma. »

« C'est lui qui, enveloppant tous les êtres d'un corps formé de cinq éléments, les fait passer successivement de la naissance à l'accroissement, de l'accroissement à la dissolution par un mouvement semblable à celui d'une roue. »

« Ainsi l'homme qui reconnaît dans sa propre âme, l'âme suprême présente dans toutes les créatures, comprend qu'il doit se montrer bon et loyal pour tous, et il obtient le sort le plus heureux qu'il puisse ambitionner, *celui d'être, à la fin, absorbé dans Brahma.* »

Tout cela n'est pas de l'allégorie, c'est de la science. C'est la théorie de la matière radiante expliquée en d'autres termes que ceux dont nous nous servons aujourd'hui. C'est le culte de la matière dans toute sa pureté, dans toute sa grandeur, dans toute son évidence.

Combien cette doctrine est belle, et combien elle est consolante dans sa vérité, *dans sa sécurité* (1)!

---

(1) Si M. Crookes n'était venu en France, il y a quelques mois, prouver expérimentalement la réalité de l'état radiant de la matière, j'aurais éprouvé quelque timidité, quelque incertitude à publier une théorie dont le chapitre le plus important, l'innervation, repose sur ce principe.

De même, si les transformistes n'étaient venus affirmer avant moi que le développement embryonnaire reproduit fidèlement les phases du développement primitif, je n'aurai jamais eu l'audace d'avancer cette vérité sur laquelle je m'appuie aujourd'hui et qui fournit à ma théorie ses meilleures preuves.

Si M. Schwann n'avait fait naître par ses travaux une science nouvelle, l'histologie, il m'aurait été impossible de faire l'histoire des tissus comme j'ai pu la faire grâce aux travaux des histologistes, tant botanistes que zoologistes.

Je considère donc ceux qui sont venus ainsi me préparer le terrain, Schwann, Darwin et Crookes, comme mes *précurseurs*, qu'on me permette ce mot qui semblera peut-être bien indiscret.

Cet Ouvrage comprendra deux volumes de de 700 à 800 pages chacun.

Il sera publié par demi-volume de 350 à 400 pages.

Chaque demi-volume sera vendu 6 francs.

Paris. — Imprimerie Saint-Michel, A. Tribouillard, directeur

www.ingramcontent.com/pod-product-compliance
Lightning Source LLC
LaVergne TN
LVHW021121050726
842519LV00002B/314